THE GEOGRAPHY LEGENDS

·天·下·地·理·传·奇·

万象文画

世界最有魅力101个自然奇景

万象文画编写组 编

U0337166

内蒙古人民出版社

图书在版编目（CIP）数据

世界最有魅力101个自然奇景／万象文画编写组编．
—呼和浩特：内蒙古人民出版社，2009.1
（万象文画．天下地理传奇）
ISBN 978-7-204-09810-1

Ⅰ.世… Ⅱ.万… Ⅲ.自然地理-简介-世界 Ⅳ.P941

中国版本图书馆CIP数据核字（2008）第207117号

万象
文画 THE GEOGRAPHY LEGENDS
·天·下·地·理·传·奇·

图片提供：北京全景视觉网络科技有限公司
　　　　　中国图片网
　　　　　时代图片库

万象文画编写组 编

策　　划：王东生 段秋艳
责任编辑：王继雄
装帧设计：杨　群 欧阳显根
美术编辑：刘海敏
出版发行：内蒙古人民出版社
地　　址：呼和浩特市新城区新华东街祥泰大厦
印　　刷：北京人教方成彩色印刷有限公司
经　　销：新华书店
开　　本：720毫米×1000毫米 1/16
字　　数：220千字
印　　张：11
版　　次：2009年4月第1版 第1次印刷
书　　号：ISBN 978-7-204-09810-1/Z·566
定　　价：16.00元

世界最有 魅力101个
自然奇景

前言

世上有一种征服，不凭蛮力，不用刀枪，亦无需牺牲，这便是中国古人所说的"人文"，亦即"文化"。

《易经》曰："观乎天文，以察时变；观乎人文，以化成天下。"简单地说，就是考察客观世界以研究其规律性的变化；观察人类文明的进展，就能用人文精神来教化天下。这是中国古代儒者的思想，未免有拔高人文之嫌。但其"观乎人文以化成天下"的人文精神却是值得称道的。与华夏文明几乎同时形成的世界上其他民族的文化大都已经衰落甚至灰飞烟灭，唯有华夏文明历经五千年磨难而依然长盛不衰。力量来自何处？主要是靠自身积累的深厚人文底蕴，支撑了五千年来这片物质上并不丰裕的"天下"。

面对席卷全球的知识经济浪潮，有识之士都以无比强烈的文化责任感，思考着中华五千年文明如何传承、转化与激发其现代生命力的问题。尤其是当今世界，借助锐意进取的高科技手段，全球信息化交往频繁，流通迅速，文化多元的魅力正在穿透国界，成为一个民族参与全球对话、竞争、创造的"身份证"。可以这样说，一个失去文化"身份证"的民族，是不可能在波澜壮阔的全球化竞争中挺起高傲而坚实的脊梁的。

现代中国的文化建设是一个庞大无比的历史命题，需要几代、十几代甚至几十代中国人尤其是他们的人文学者，进行长期的、艰难的心血智慧投入的伟大工程，需要建立"中国精神"的博大精深而又生机蓬勃的现代体系，建立它的特质和内在逻辑，它的品格和气度，它的价值观和范畴，它的理论积累和运行机制，这些都是不能一蹴而就的。就其本质而言，文化工程是一种"人心工程"，有关人的素质、情趣、价值追求、终极关怀、精神家园和人生设定的工程。可以说，文化是民族的标志，文化是民族的灵魂。正如一位学者所说：文化是我们的生命，以及外延如平原、山脉、湖泊、河流这些构成我们存在空间的核心。这种诗一般的语言深处，蕴含着历史的理性，读来有一种深邃厚重之感。

在这样的文化大背景下，本套系列丛书——"万象文画"的出版问世无疑是一个适时的、有战略意义的项目，它的策划、设计和构思，集中体现了传承中华文明精华的意图。本套丛书信息量大，在包罗万象的知识体系中，总揽了国学精粹、社科立志、政治军事、科学技术、人文历史、山川风物、百业众艺等方面内容，为中华上下五千年文化的"名牌效应"重铸生命，注入现代人的世界视野、理性判断和科学情怀，拓展出更高、更远的新境界。丛书版式新颖，设计精美，图文并茂。大量或直观或蕴藉的图片让人耳目一新，使它成为不同层次、不同地区、不同文化背景的人之间进行有效交流与沟通的"通用语言"和桥梁，在一定程度上消除了因知识层次的差异而带来的传播壁垒，突破了知识精英的狭小范围，赋予大众传播以"大众化"、"普及化"的意义。果能如此，则读者幸甚，文化幸甚！这也正是"万象文画"编著者的初衷。可以预见的是，当来自各个阶层的读者凭着他们异常活跃的好奇心和记忆力，饶有兴味地沉浸于"万象文画"所构筑的精美图文之中，对之逐章咏哦，出乎口，入乎心，寻解析疑，沉移默化的时候，这部书将成为他们具有深邃的历史感和世界视境的文化"底色工程"。

目录 CONTENTS

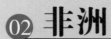

03 美洲

ⓄⓄ 欧洲

世界最有
魅力101个
自 然 奇 景

第一章

亚 洲

松岛湾 ——日 本
Matsushima Bay

▶▶▶▶

No.**001**

湾内小岛星罗棋布，水陆交织，构成美丽的海景，令人陶醉不已。

地址：日本
名称：松岛湾

在地图上，松岛湾并不特别惹人注目。

这个湾位于日本主岛本州北部，是面向太平洋的一个小凹槽。然而到过那里的人，必然会毕生难忘。

因为松岛湾可以说是日本最美丽的风景区之一。

松岛湾海面散布千百大小不同的岛屿，形状各异，宛如一支废弃的船队。薄层泥土上长满了野花，百合花传送幽香；不过岛上最遐迩闻名的还是松树，松岛湾也是由此得名。这些美丽的岛屿，活像建基于磐石上的纤巧盆栽，亘古以来一直备受日本诗人赞颂。

湾内多数岛屿杳无人烟，小部分则筑有佛寺和庙堂。一些岛屿名字玄妙如谜，例如"问答岛"；一些又寓意深远，例如"涅槃岛"。许多小岛

云天微露曙色，宁静的渡口舟船停泊于湛蓝海面。

有小桥相连，又与陆上相接，更有小艇载送游人。

如今松岛湾所在地，一度是广大的火成岩，饱受侵蚀，几乎成为平地。这层火成岩有一段时期没入水中，到了约二十五万年前再次露出水面。流水和其他侵蚀力随即发挥作用，严重侵蚀这片平地，切割出丘陵和山谷。约一万年前，上次冰期的大冰川融化，海水水位全面升高，海水再度冲入松岛湾，拍击各个岛屿。结果，海浪底切岛屿，造成环岛尽是陡峭悬崖、嶙峋的山嘴、洞穴和隧洞。

到了今天，这些小岛便成了一道屏障，使松岛湾不致受太平洋海浪猛烈冲击。晴天或月夜，或透过飘雪，或隔着薄雾，都可以看见平静的水面映现千百岛屿。此情此景，每每令人心旷神怡，乐而忘返。

富士山

——日 本▶

Fujiyama

▶▶▶▶   №. 002

富士山坐落古老的火山残迹之上，因近乎完全匀称而著名。

富士山是世界上最匀称的火山之一，向来是日本人心目中的活宝。鲜明的轮廓，不管在哪个季节，也不管从哪个角度，看上去总是千变万化、惹人遐思的。

千百年来，诗人为它写下赞歌，画家为它捕捉雄姿，无数游客或在附近的度假胜地休憩，或登上峰顶朝圣。

富士山距本州南岸的东京约一百公里，因山势雄壮、景色优美而使人难忘。这是日本的最高峰，耸立在稍高出海平面的平原上，海拔三千七百七十六米。底部成圆形，直径约四十公里，山坡缓斜，峰顶是一个火山口，宽七百米。

相传富士山是在公元前二八六年出现的。当时地球表面裂开，形成日本最大的琵琶湖，这巨大槽沟内原来的物质就堆积成山。事实上富士山就是地质学家所称的成层火山，由熔岩流和喷出的火山渣、火山灰和熔岩弹层层交替堆叠而成。

富士山的山坡看似平凡，其实隐藏相当复杂的历史。在这个巨大的火山之下，埋藏着古老的火山残迹，古老的火山给现今富士山的喷出物掩埋之前，已经饱受剥蚀。其中两个火山口仍有部分露出在富士山的山坡上，那就是大型的老富士和较小的小御岳。

富士山本身有长期的火山活动记录，已知的大爆发可追溯至公元八〇〇年。最近一次爆发是在一七〇七年，当时火山灰和火山渣散落的地方，远至东京一带。现在富士山看来宁静安详，日本人奉为神灵聚居之所，凡看见过富士山庄严外貌的人，无不为之神往。

地址：日本
名称：富士山

圣洁美丽的富士山为繁华都市带来一股浪漫气息。

阿拉伯河
Shatt Al Arab
——伊朗-伊拉克

▶▶▶▶

这条河由两条很有名的河汇合而成，其流域一带，居民的生活方式由古至今都没有多大改变。

地址：伊朗-伊拉克

名称：阿拉伯河

⬇

阿拉伯河似风中摇曳的玉带横亘森林，美丽多姿。

阿拉伯河在伊拉克东南部，由底格里斯河和幼发拉底河汇合而成。河水朝着东南流淌一百九十多公里，构成伊朗、伊拉克两国一部分边界，沿途流经不少沼泽和湖泊，最后注入波斯湾。

灌注阿拉伯河的两条大河，在人类最早的历史记载中已很有名。底格里斯河和幼发拉底河的水流，滋润着从波斯湾到尼罗河三角洲的"肥沃新月形地带"东半部，古时米索不达米亚早期的文化，也是在这两条河流域上崛起。米索不达米亚原是希腊文，意思就是"河流之间"。沿两河蓬勃发展的城市，包括底格里斯河畔的尼尼微和幼发拉底河畔的巴比伦。有些研究圣经的学者甚至认为，两河汇流处就是伊甸乐园的所在地。

由于底格里斯河和幼发拉底河的水流大量引作灌溉之用，而且因气候炎热干燥，蒸发量增加，两河在伊拉克的艾尔夸那汇合时，流量已大为减少：古代如此，现在也一样。但过了汇合处，从伊朗札格洛斯山发源、曲折绵长的卡伦河汇入阿拉伯河，流量再次增加。波斯湾的潮汐也影响这条河，使水位保持足够深度，轮船可直入内陆九十五公里的港口巴斯拉。

阿拉伯河的下游是一个复合三角洲的主要水道。这个大三角洲以每百年三公里的速率向海伸展。近年来有些水道上筑了堤坝，调节河水流量，但阿拉伯河整段下游一带仍然有许多沼泽和湖泊，广大的哈马湖就是一个例子。

即使今天，湖泊和沼泽一带的居民仍然沿袭着一种由来已久的生活方式。他们源出不同的文化，种植枣椰树和其他庄稼，主要生计依靠沼泽中茂盛的巨型芦苇。这种芦苇可高达六米，不但是居民的粮食和家畜的饲料，更可用作燃料和编织原料。此外，芦苇也是历代土著造房屋和船只的基本材料。

里海 ——伊朗-俄罗斯
Caspian Sea

▶▶▶ №.004

里海是世界上最大的内陆海。

在这个巨大的陆围盆地，只有河流注入，没有出口，水分仅因蒸发而逸出。

古老而广阔的里海，并非任何大洋的一部分，这个海四周全是陆地，表面比海平线低二十八米，是世界上最大的内陆海。南北约长一千二百公里，平均宽度约为三百二十公里，面积约三十八万平方公里，是美国大湖区总面积的一倍半。

里海坐落一个巨大的洼地中，至少已有二亿五千万年的历史，四周围绕着低于海平面的陆地。里海西面是景色如画的高加索山脉，南岸则是高耸的艾尔布兹山，位于伊朗境内，林木茂密。越过向东伸展的巴尔干山脉后，是荒凉浩瀚的黑色沙漠，北面远处则是干旱的乌斯奥特高原。过了里海北部广阔的低地，是绵延起伏的伏尔加高地，注入这个巨大内陆海的

河流大半发源于此。

里海并不是一个平淡无奇的水体，从北到南，从海面到海底，都变化万千。北面的海底是一片沉积平原，平均水深不到六米。在广阔的伏尔加河三角洲附近，即使离开海岸远处，水深也只有二米。伏尔加河三角洲内的河槽极为错综复杂，与美国密西西比河三角洲的相似。

里海南面的海底突然下陷，分为两个很深的盆地，中间由一个连绵的海底山脊分隔，这个海底山脊把亚毕什伦半岛和巴尔干山脉连接起来。山脊以南的盆地较大，最深处超过

地址：伊朗-俄罗斯
名称：里海

厄尔布尔士山下恩泽利港的早晨景色。岸上景色秀美，在如镜的湖面上都能找出它们的影子。

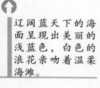

辽阔蓝天下的海面呈现出美丽的浅蓝色，白色的浪花亲吻着温柔海滩。

拉博加兹戈尔海湾的水面较里海其余部分低，所以海水不断通过海和湾之间的狭窄水道流入湾内。但是在这个特别干燥的地区，浅湾的水分蒸发得很快，因此，水深通常不足十米。

因为里海从南到北深度不一，所以水质也不相同。在北部的浅水区，从水面到水底的水温大体上一致，最高是夏天的摄氏二十四度，最低是冬天的零下一度。从十二月中到翌年四月底，整个北部海面都结冰。

在南部，水面温度夏季为摄氏二十七度，冬季则降至九度，极少结冰。水深四百米以上，水温保持在摄氏五度左右，几乎完全没有生物，因为缺乏溶解氧，又有大量硫化氢，所以形成毒素，海底栖身的动植物无法生存。

九百七十五米，而北面的盆地也相当可观，深达七百九十米。

沿里海东岸，可以找到这个海最独特的地方。又低又长的沙嘴几乎把卡拉博加兹戈尔海湾与主要水体完全隔开。这个小湾的面积约有一万八千平方公里，与安大略湖相若。因为卡

里海各部分含盐量变化之大，更加出乎意料之外。里海的水有百分之八十来自伏尔加河，在这条河入口处附近，几乎全是淡水；其他各处的含盐量为百分之一点三，约是一般海水的三分之一。但在浅水的卡拉波兹湾，含盐量竟高达百分之三十五，相当于海水的十倍。小湾底部覆盖的盐层厚达二米，汹涌的波涛，往往把大量的盐粒冲积在岸上。

里海在历史方面也经过不少变化，例如约一千二百万年前，里海和地中海还是通过黑海相连的。同样，约二百万年前，这两个海又曾短暂连接。

冰期时气候的转变，也影响里海的水位和表面面积。流入里海的冰川融水量超过海面的蒸发量时，水位便会上升；反之水位便下降，面积也跟着缩小。很多地方都可以看到从前滨线的痕迹，举例来说，在现今海岸以北约五十公里处，就曾经发现古代一个港口和村落的遗址。

目前，里海的水位正在慢慢下降，这并不是因为气候骤然改变，而是人为的结果。建造水坝和支流改道，都使进水量大大地减少，尤以伏尔加河为甚。现在已经有人提出庞大的计划来改善这种情况，其中一个是把在西伯利亚向北流的河流引入伏尔加河，然后再流进里海。另一个更艰巨的计划，是建造巨大的堤堰封闭里海北端的浅水部分，使水位上升，并且维持航运。不管这些计划将来成果如何，毫无疑问，里海依然会是世界最大的内陆水体。

海天之际，地球的缓曲轮廓分明可见。

科未立瀑布 ——印度
Korveli Falls

▶▶▶

No.005

河水溢过高原边缘，冲蚀上游河谷，造成这两条壮观的瀑布。

地址：印度
名称：科未立瀑布

科未立河平静地流经印度南部一片浩瀚的高原，悠然向东南面穿过一个又宽又浅的河谷，在经年累月侵蚀成的波状丘陵地之间蜿蜒前进。

河水流到一个岛屿时，猝然向下急冲，成为连串的瀑布，水花溅起一片片浓雾，如同白链一样。河水分为两条小瀑布，环抱那个岛，总落差达九十八米，到下游才合而为一。

科未立河并没有立刻就安静下来，河水继续流过一个八十公里长的深谷，沿途并穿越一些窄峡和急流。

其后是一片广大的平原，河水由此直奔孟加拉湾，完成了一段长长的旅行。

科未立瀑布及其下游的急流，都是因河水由高处落下低地而产生的。地壳晚近期间一次突然隆起，使两个高原的海拔差距剧增，造成严重的侵蚀。由于地面有一个构造槽，由上游至瀑布一段谷床日渐加深。谷床的下切使从前畅流入主河的支流改流到悬谷，不得不从高处冲下形成瀑布，然后才与科未立河汇合。

一道道银白色的水幕从高处直泻而下，激起浓浓的水雾，颇为壮观。

纳尔马达河 ——印 度

Nar Mada River

▶▶▶ No.006

这条宁静安谧的圣河，传说是从主神的身体流出来的。

印度教徒相信纳尔马达河是从主神大自在的身体里流出来的，在印度各条圣河中，地位仅次于恒河。据说虔诚的教徒由河口出发步行到一千三百公里远的源头，再沿河道另一边返回河口，便可清洗自己的罪孽，就像传说中一位国王乘船沿河而下时，船帆由黑色变为白色，象征已经洁净了一样。

纳尔马达河源于印度中部的迈卡拉山脉，是印度半岛少数向西流的河流之一，其他河流多半由西高止山向东进发。纳尔马达河穿过一个山谷，河北面是文都斯山脉的砂岩丘陵，河南面是萨特普拉山脉，最后流入康贝湾。自古以来，纳尔马达河一直是连接阿拉伯海和恒河流域的要道。

纳尔马达河风景最优美的地方是离上游查巴尔浦市不远的大理石峡。河水俯冲下一条约高十五米的瀑布后，穿过一个雄伟的狭窄石灰岩峡谷，峡壁高逾三十米，峡长仅二公里。大理石峡景色怡人，有人说如果当年的蒙兀儿王见到这个地方，就一定会把泰姬马哈陵建在这里。

地址：印度
名称：纳尔马达河

在夕阳的照射下，汹涌的河水连同岸上的景色都披上了一层红色的外衣。

麦拉比山
——印度尼西亚
Malabi Mountain

No.007

> 这座不眠不休的火山，约一千年前毁灭了一个王国，目前依然是世界上最危险、最可怕的火山之一。

地址：印度尼西亚

名称：麦拉比山

↓
赤红的火山余威犹存，山腰缭绕的云雾等待它再次苏醒。

苍郁肥沃的印度尼西亚群岛上，星散着一百二十八座活火山，数目远超任何一国。爪哇中央附近的麦拉比山，海拔二千九百一十一米，是最活跃的一座。

麦拉比山活动的历史，至少可追溯至公元一〇〇六年。当时一次猛烈的爆发，粉碎了麦拉比山的顶巅，也毁灭了爪哇一个古代王国。今天的麦拉比山就在这个残存的古老火山锥上崛起，继续危害人类。

单从一八二〇年起，麦拉比山至少喷发过二十三次，每次都造成重大伤亡。最惨重的一次发生于一九三〇年，当时一团过热气体和火山灰汹涌冲下山边，夺去一千三百人的性命，所过之处，庐舍成灰。

麦拉比山喷发的威力，主要是熔岩黏性太强造成。熔岩不能自由流动，涌出后极快凝固，使火山口岩颈状障碍物越积越厚，内部热度和压力增高，最后爆发出现新的火山口。

观察人员经常监测麦拉比山的地震活动和火山口内的温度，预报火山爆发。居民也为保安全一直遵行一个古老仪式，每年在火山口旁设宴祭祀，献上祭品，还有歌舞，以期安抚麦拉比山的古老神祇。

龙谷 ——阿富汗
Dragon Valley

▶▶▶　　　　　　　　　　　　　No. 008

一道天然堤坝堵塞荒芜的龙谷，相传这道障壁是一条石化了的龙，其实是由石灰华构成的。

这个干旱的山谷位于阿富汗中部，谷内横亘着一道石坝，高八十米，宽十二米。相传这里曾有一条龙，要求乡民每天奉献一个少女、两只骆驼和一些草料，后来为穆罕默德的女婿所杀，石化后成为堤坝。

事实上，这道天然的堤坝是由石灰华积聚而成，系着一个石灰岩露头。石灰华与石灰岩同样都是由碳酸钙构成的。即使在这个干旱的地方，地下水仍会由喷泉中涌出地面，同时把石灰岩的碳酸钙溶解。到了地面，压力减低后，碳酸钙再沉积为石灰华。具有特殊适应能力的植物也会帮助石灰华沉淀下来。只要地下水不断涌出，这道天然堤坝便会继续延长。

地址：阿富汗
名称：龙谷

顺着这峡谷走到出口处，视野豁然开朗。

下龙湾
——越南
Xialong Gulf

No.009

高大的石塔屹立在平静的海面上。根据神话记载，石塔是一条龙的杰作，现代地质学家却认为是侵蚀造成的。

地址：越南
名称：下龙湾

下龙湾的风光美丽的让人心动，真是美不胜收。

下龙湾景色非常特别，可算世界天然奇景之一。在东京湾的这个海湾里，海面冒出一列嶙峋的岩峰，有些雕成弓形，有些凿成坑道，更有些形成洞穴，洞穴有摇摇欲坠的钟乳石。景色犹如大洪水淹没一片大地。

下龙湾的岩层奇形怪状，范围广阔，越南人相传这是龙的所为。"下龙"一词在越南语中，意思是"龙降临之地"。十九世纪法国的地理学家绘制下龙湾地图时，给个别岩峰取用了怪诞的名字，如傀儡山、大猿岛、奥妙洞、惊奇岛等。

这些岩峰是有二亿五千万年历史的石灰岩经过岩溶侵蚀而形成。岩溶侵蚀又称为喀斯特侵蚀，是地下水中二氧化碳的酸性作用，使石灰岩渐渐溶解。岩溶区常有不少洞穴，例如美

国新墨西哥州的喀斯巴德洞穴和肯塔基州的大钟乳洞。

由于岩石的侵蚀程度有异，世界各岩溶区的景色并不相同。石灰岩的种类和厚薄、雨量的多寡、地下水的二氧化碳含量等因素，都会影响岩石的侵蚀程度。下龙湾的水蚀石灰岩是伸展至中国的岩层一部分，因侵蚀情况严重而特别壮丽。在这个热带地区，每年雨量和水中二氧化碳含量都很高，石灰岩底层很厚，加上地壳褶皱和龟裂，因此岩石特别脆弱，甚至残余的山峰也遭受侵蚀，形成弯曲的坑道、幽深的洞穴和高耸的拱岩。由于坡度陡峭，这种地形称为塔状岩溶。

下龙湾的岩石是从前露出水面时已受到侵蚀的，现时部分没入水中，所以景色更见壮观。冰期的冰川融化后，海水水位上升，淹没了岩石的底层，使下龙湾变成小岛散布的海湾。在一些地方，石塔间的洼地形成不少深湾或盐分极高的咸水湖。这些湖泊看来与海洋隔开，湖水水位却随潮汐升降，原因是饱受侵蚀的岩石千疮百孔，形成岩溶坑道洞穴网，使湖泊与大海相连。

山青水绿，崖壁陡峭，泛舟其中多么悠然自得。

13

札尔加泉
Zharga Fountain
——黎巴嫩

奥伦提斯河河水在地面下流经一段神秘旅程后，从一个自流泉中冒出来。

地址：黎巴嫩
名称：札尔加泉

距离黎巴嫩地中海岸不远处，有一片荒漠似的高原，经常受到风和沙暴侵袭。不过，在荒原上赫然出现了一片绿洲，长满树木和其他植物。这个奇特的景观，就是由札尔加这个天然自流泉所造成的。

札尔加泉是由山上积雪的融水灌注而成，因为厚厚的石灰岩层遭断层交切，地下水便从札尔加泉冒出地面来。这个泉平均每秒钟流出的水量多达十三立方米，不但灌溉了整个地区，而且注入黎巴嫩最主要的奥伦提斯河，这条河流过了叙利亚、土耳其等地，然后流入地中海。

札尔加泉附近发现的石器时代

金色的沙漠线条优美，泉水滋养出绚烂的植被。

遗址，证明数千年前已有人在这里聚居。邻近的一个小山上，留存着一个古迹，估计已有二千年历史，石上绘有一些打猎的图画。此外在札尔加泉附近一排陡峭的峡壁上，还发现一些蜂窝状的小室，相信是公元七世纪时马龙派教徒的避难所残迹。

勒拿河 ——俄罗斯
Lena River

▶▶▶ No.011

勒拿河在西伯利亚严寒的冬天里完全冰封，春天骤变成一股猛烈的洪流。

勒拿河流过西伯利亚宽广的东部，穿越密林和杳无人迹的冻原；在迂回奔向北极海途中，呈现多种形态。勒拿河是世界大河之一，从西伯利亚南部的发源地，流到北极圈以北的三角洲注入拉普提夫海，全长四千二百六十二公里。

河名在西伯利亚雅库特方言的意思是"大河"。河水从贝加尔湖以西的山岭先流向东北，沿途穿过陡峭悬崖处的崎岖荒野，其间深谷处处。勒拿河约在三分之一的路程，与最大的支流(味地谟河)汇合后，其形态就明显地改变。河道逐渐变得又阔又深，河水穿过一个辽阔的山谷与阿来克马河相接，两旁平缓的山坡上树木茂盛。

过了阿来克马河，河谷又转狭窄，两岸是高耸的悬崖。到了雅库次克，勒拿河折向西北，与阿耳丹河汇合。自此，勒拿河分为几条小河，其间穿插无数小岛和沼泽，河道也忽然

地址：俄罗斯
名称：勒拿河

在白雪覆盖的寒冷世界，结冻的河面幽远静谧。

开阔，宽达十五公里。

勒拿河流入北极圈后，是最后的河段，长六百五十多公里，河水流向北方广漠的北极冻原。即使在短暂的夏天，这片冻原除薄薄的表层外，下面的泥土终年冻结。勒拿河最后注入拉普提夫海，平均流量是每秒一万五千五百立方米。

西伯利亚的气候变化极大，勒拿河流量在一年中极不均匀。这条河在漫长的旅程中，经过三个气候截然不同的地带，就是北温带的贝加尔区，温暖多雨的阿耳丹盆地，以及干燥严寒的北极区。

在北极圈附近，九月入冬，到了十月，勒拿河大部分河面已经结冰，以后八个月内完全冰封。随着气温下降，冰层就会越积越厚。雅库次克一月份的平均气温，低至摄氏零下四十三度以下。冬季末期，长长的河段从河面到河底都会凝结成冰。

不过到了五月下旬，西伯利亚的春天会突然降临。这个过程在别的地方可能需时几个月，但这里只消几个星期，就春回大地。大约六月初，雅库次克以北的气温会高达摄氏二十度。冰层裂开，植物迸出生命的火花，洪流忽地淹过雅库次克平原。瞬息之间，无数巨大的冰块汹涌直奔北方，一路上把许多大树连根拔起，又冲击河岸。到了六月中旬，勒拿河挟雷霆万钧之势泻入拉普提夫海，流量比四月时大六十五倍。

整个七月和八月初，雅库次克平原大部分地区遭水淹浸，因为结冰的底土无法吸收溢流。九月，洪水退去，寒冷的气候卷土重来。整个三角洲再次冰封，到了十月底，冰层掩盖勒拿河，远至南面的雅库次克，这条河再受制于漫长冷酷的西伯利亚严冬。

广场上游人熙嚷，寒冷的气候阻止不了人们运动的脚步。

黑龙江 ——中国－俄罗斯
Heilongjiang

▶▶▶ №.012

壮观的黑龙江自西伯利亚奔腾而下，蜿蜒东流过平原注入太平洋途中，形成许多巨大的河套和曲流。

蒙古人称黑龙江为黑江，沿岸原居民称它为"大江"。黑龙江约长四千五百公里，是西伯利亚最长的河流，名列世界第八位。流域盆地面积约一百八十四万四千平方公里，包括中国和俄罗斯的部分地区。江口宽十六公里。

黑龙江的主流由石勒喀河和阿尔贡河汇合而成，从西伯利亚绵延起伏的高原流下。黑龙江的上游是多山地带，急泻而下的江水为河床带来大量巨砾，流水也穿过幽深的峡谷和陡峭的河岸，岸上长满针叶树林。

随着江水流向下游，四周的地理环境也逐渐改变，沿岸再没有崇山峻岭，越来越多雪松和落叶树展现眼前。在海兰泡，黑龙江分成许多小支流，迂回流过一片时常泛滥的低地，其中一条最为特别，这条支流经过一个四十五公里长的大河套，但是河套的起点和终点之间相距只有半公里。

黑龙江在中游地带汇合更多的支流后，便继续慢慢流过广阔的平原。在小兴安岭，江水流入一个一百五十公里长的狭窄幽谷，然后到一片开阔的广大平原才再度出现。

在伯力，黑龙江虽然距离江口还有一千公里远的路程，不过海拔只有

地址：中国－俄罗斯
名称：黑龙江

平静的湖水一片湛蓝，和岸上青翠的山林形成了鲜明的对比，使人眼前一亮。

黑龙江还有一项特色，就是水源主要来自季风雨，而不是冰川或泉水。每年从十一月到翌年三月，降水量最少的旱季时期，黑龙江的水位达到最低点。直到春天来临，山上和平原上的积雪开始融化时，水位才稍微上升。入夏以后，西伯利亚上空的低气压吸引太平洋温暖潮湿的气流，形成强烈的雨暴，每每使江水暴涨，引发灾情惨重的洪水泛滥。

二十世纪初叶以来，当局不断实行大规模的防洪措施，现在已经能够逐渐控制江水，还把河谷变成富庶的农田。渔获是黑龙江另一项相当重要

黑龙江流域出产的木材质地密实，是深受市场欢迎的优质原料。

七十米。由于下游坡度非常小，江水缓缓流过沼泽平原，使河床一带布满无数的小岛屿和移动的沙洲。最后一次北转之后，江水终于流入一个很大的江口。西伯利亚其他大河流都注入北极海，只有黑龙江注入太平洋，流进狭窄的鞑靼海峡。

的资源，尤以鲑鱼的产量最多。不过黑龙江最主要的功用，还是在于航运方面。虽然这条江全程都可以通航，但到了冬天，河道也会为流冰所塞，有些地方为期六个月。离江口不远的库页岛出产的石油，可经黑龙江下游运入内陆；俄罗斯欧洲部分和西伯利亚西部的谷物、机器等产品，以及西伯利亚泰加森林的木材，则可顺流运至下游地方。总而言之，在这个人烟稀少的区域，黑龙江成为主要的运输走廊，有时甚至是前往泰加森林僻地的惟一途径。

在白云的阴影下，水面与绿林都呈现出富于动感的色彩变化。

咸 海——哈萨克斯坦-乌兹别克斯坦
Aral Sea

No.013

咸海是世界第四大湖。这个巨大的陆围海，在一个极大的沙漠盆地中心熠熠生辉。

地址：俄罗斯

名称：**咸海**

咸海有如美国犹他州的大盐湖一样，是一个大盆地中心的陆围海，有河流注入但没有出口，水分只凭湖水的蒸发作用逸去。虽然过去水位升降的幅度很大，但因为目前每年的流入量与蒸发量大致相等，所以水位很稳定。

咸海虽大，但水很浅，约长四百三十五公里，宽二百九十公里。超过三分之一湖面面积的水深，不足十米，只一小块面积湖水最深，达六十九米。

咸海异常澄碧，不过滨线差异极大。北面毗连土尔介沙漠起伏不平的荒地，滨线绕着几个大海湾迂回曲折地伸展；西岸是一列陡峭的高峻悬崖，滨线几乎成一直线；东岸却是深入沙漠的沙丘，形成一连串又长又窄的海湾和很多小岛。

这个海南面是阿姆河的巨大三角洲，东北面则是锡尔河的大三角洲。这两条中亚细亚境内最重要的河流，发源于山岳高处，大量的水把很多淤积物带到下游，因此这些三角洲逐年扩大。

海中的岛屿翠绿夺目，海水由浅蓝到深蓝的变幻瑰丽壮观。

世界最有
魅力101个
自然奇景

第二章

非 洲

尼罗河
Nile River

——东 非

No.014

这条世界第一长河，是历史上极负盛名的河流，既不断塑造人类的历史，也一直因人类所作所为而改变。

地址：东非
名称：尼罗河

优美迷人的河域风景。

数千年来，埃及人奉尼罗河为圣河。他们虽不知道河源所在，也还明白每年泛滥的原因，却知道假如没有尼罗河，也许不会有埃及文化。古老的谜团现已解开，但尼罗河依然有惹人遐思的魅力。

尼罗河由最远的源头到达地中海，共长六千六百五十公里，是世界最长的河，流经九国领土，流域面积约为三百三十四万九千平方公里，约占非洲陆地面积十分之一。

自古以来，一直有人多方找寻这条大河的源头，都徒劳无功。谜底揭开以后，大家才知道失败的原因。原来尼罗河的主要源头不止一个，而是三个：其北向的河道汇集三条支流的河水，最长的一条称为白尼罗河，另外两条分别是蓝尼罗河和较小的阿特巴拉河。

即使古埃及人认识蓝尼罗河，

又知道其源头所在，后来已经无从稽考。十七世纪时，一名西班牙传教士首次追溯出蓝尼罗河的源头：衣索比亚高地上的坦那湖。

要追寻白尼罗河的发源地，就更棘手了。公元一五○年，希腊天文学家托雷米推断河源就在"月亮山脉"上。这条山脉现在证实是乌下达和萨伊之间的罗温乍里山脉。托雷米的说法虽然离事实不远，但多次设法证实而未果，疑团一直未解。十九世纪时，经英国多个探险队一再勘探，终于发现白尼罗河的源头就是喀吉拉河，起自今天的蒲隆地，向东北流四百公里进入维多利亚湖。

维多利亚湖北端的溢流，是白尼罗河干流的源头。白尼罗河向北流经考加湖，从莫契生瀑布泻下三十七米，开始从湖区的高原急剧下降到苏丹南部的低地平原。当地人称这条河段为朱巴河。河水在这里缓缓流过广阔的沼泽地带，由于纸莎草

及其他植物阻塞河道，流速大减，同时由于渗进泥土和蒸发作用，流失量约为一半。

白尼罗河从两旁注入的支流稍获补充后，流过沼泽区，继续向北流。河水再流过八百公里后，在喀土穆跟蓝尼罗河汇合。

蓝尼罗河虽然比白尼罗河短得多，流程只有一千三百七十公里，但水量和流量的变化都远较白尼罗河为大。在喀土穆，白尼罗河的涓涓流量几乎年年月月不变。至于蓝尼罗河以及在北面三百二十公里汇入干流的阿特巴拉河，每年夏季都会因衣索比亚高地上的暴雨而

蠹立千年的金字塔流传出无数动人的传说。

↑
蓝天下的金字塔是一道亮丽的风景。

水量剧增。千百年来无法解开的谜团终获答案，原来是那里的滂沱大雨使干旱的尼罗河下游流域年年泛滥。在喀土穆以北的河段现在通称尼罗河，河水成大S字形流过一千九百三十公里，两岸尽是沙漠。沿途有六条瀑布，自北至南，分别称为第一瀑布、第二瀑布……以此类推。

尼罗河在第二瀑布(现已没入纳塞湖)以北流进埃及后，为一条延伸到开罗的狭长耕地带来宝贵的水源。这片耕地两旁是沙漠，最宽处不足三十二公里，土壤肥沃，宜于精耕细作，是埃及的粮食产地。

尼罗河三角洲可算是河口三角洲的典型，那个大致成三角形的轮廓，教人联想起希腊字母"△"。这个三角洲的范围始自开罗，南北约长一百六十公里，最宽处达二百四十公里。河水通过呈扇形的浅河道网流入海里。多年来沿河冲下厚厚的泥沙层，给尼罗河三角洲带来了全非洲最肥沃的土壤。

这个三角洲正如其他三角洲

一样，也在不断改变。然而，自从一九七一年阿思温大水坝建成后，三角洲的正常发展已受到严重干扰。阿思温大水坝发挥了主要的功能，控制每年的泛滥和生产需求甚殷的电力。但是，在建造世界最大的人工湖纳塞湖的过程中，这座水坝也拦阻了沉积物的去路，使到达下游流域的泥沙大大减少。结果，地中海的咸水开始渗进三角洲的部分地区。此外，由于沿河而下的养料减少，尼罗河和地中海东部大片海域一些鱼类产量剧减。因此，这条古老的河虽然部分已给现代科学技术征服，但对两岸甚至更远处的民生依然有深远的影响。

塞舌耳群岛 ——印度洋

Seychelles Islands

▶▶▶   No.015

在印度洋这列远离大陆的群岛上，有许多嵯峨的山峰；气候温暖宜人的珊瑚小岛，比比皆是。

塞舌耳群岛散布在印度洋上，离非洲肯尼亚历史名港蒙巴萨以东约一千六百公里。群岛位于赤道以南不远的海域，以葱茏苍翠的热带草木，以及出产大量制香水用的香料和香油驰名。

群岛由八十五个岛屿组成，其中约四十个地势十分陡峻，是峰峦叠起的花岗岩岛，其余都是低矮的珊瑚小岛。在各花岗岩岛狭窄的沿岸低地上，可见一处处小渔村。内陆以树林密布的悬岩山岭为主。最高的山峰海拔达九百一十二米，坐落在最大的马赫岛上。低地土壤肥沃，广辟种植园生产椰子、香子兰豆、肉桂和制造香精的广藿香油。

珊瑚岛平坦多沙，比花岗岩岛小得多。岛屿从前积有厚厚的鸟粪，现已大部分采作肥料用。椰树仍是主要作物。珊瑚岛又以其裙礁著称，许多彩色缤纷的鱼类和奇异的海洋生物，都在那里繁殖。

地址：印度洋
名称：塞舌耳群岛

群岛间的蔚蓝海面辽阔而平静。

地质学家以往对塞舌耳群岛的花岗岩岛屿，一直大惑不解。海岛通常不是火山岛就是珊瑚岛，可是塞舌耳群岛的古花岗岩，与大陆底层的花岗岩同属一类，群岛也没有火山活动的证据。地质学家现在相信，塞舌耳群岛及其海底的台地，本与马达加斯加岛相连，后来因地壳板块不断漂移而分裂开来。

塞舌耳群岛上有许多特产野生动物，包括罕见的普拉史林岛黑鹦鹉和巨陆龟。当地的植物，最奇特的要算海椰子树，这种树可结出怪异的并蒂椰子，重达十八公斤。

海边风光一角。

维多利亚湖 ——东非

Victoria Lake

▶▶▶ №.016

维多利亚湖是世界第二大淡水湖，面积仅次于北美洲的苏必略湖。

维多利亚湖位于东非高原上，一八五八年由英国探险家斯皮克发现后，外界才知有此湖。这个湖本名乌开雷维湖，现时湖上最大的岛仍称乌开雷维岛，后来斯皮克改称之为维多利亚，以纪念英国女皇。斯皮克当时以为已找到了尼罗河的源头，不过现在一般相信尼罗河的源头实为喀吉拉河。这条河发源于南面的蒲隆地高地，北流注入维多利亚湖。

维多利亚湖是由东非大裂谷东支和西支的大规模地壳运动造成的。地块沿着断层裂开时，中间的高原坍塌，形成一个浅浅的广阔盆地，维多利亚湖就坐落其中。

维多利亚湖北邻乌干达，东接肯尼亚，南抵坦桑尼亚，面积约达六万八千六百平方公里，几乎有美国缅因州那么大。湖岸曲折多湾，所以滨线长达三千二百多公里。湖中岛屿星罗棋布，大小不一，其中以南面人口稠密的乌开雷维岛最大。

地址：东非
名称：维多利亚湖

湖滨和岛屿周围的浅水处，最宜鱼类生长，而鱼正是当地居民的主要食物。除航运外，农产对当地经济也非常重要，其中尤以棉花、咖啡、糖和玉蜀黍为最大宗。欧文瀑布水坝横亘在这个大湖的出口，调节朝北流向尼罗河的湖水。

小船在湖面上轻轻的摇荡，摇曳出维多利亚湖千百年的风情。

艾尔山脉
——尼日
Earl Hills

▶▶▶

No.017

艾尔山区是撒哈拉沙漠内一个不寻常的世外桃源，数千年前已有人聚居。

地址：尼日
名称：艾尔山脉

远远望去，远处的山脉在蔚蓝色的天空下蒙上了一层神秘的面纱，尽显朦胧之美。

一八五○年，著名的德国探险家巴尔斯到达这里时说过："艾尔山区是沙漠中的瑞士。"艾尔山区位于西非的尼日，南北长四百公里，东西相距二百公里，是阿尔及利亚阿哈加山脉的延续。这里到处是鲜明的对比：干硬的岩石与青葱的林木；淙淙的流水与难受的闷热；平坦的沙漠与峻峭的山坡。

艾尔山脉约在三十亿至二十亿年前开始形成，当时极高的温度和压力形成了变质岩层(片麻岩、片岩和花岗岩)。大约一亿五千万年前，地球内部深处的活动使这部分的地壳鼓胀起来。这个凸出部分产生圆形和辐射形断裂网，侵蚀随即开始，最后断裂地块变为独立的山峰。再过了一段时间，火山活动形成了圆锥形的山顶，格里朋山和巴格赞山就是典型的例子。格里朋山是艾尔山脉的最高峰，海拔二千米。

巴格赞山是艾尔山脉群峰中最独特的一个，山上水源充足，长期供应从事农业的居民。这里的灌溉方法源自古代，由套着绳索的牛绕井汲水，水放入大羊皮桶内，再倾入棕榈树的空心树干里。用水时，就由一个水道网输送到一行行的农作物，其中包括枣树和橄榄树。

艾尔山脉东端陡然没入泰内雷沙漠。商旅队每每尽快越过这片半沙半石的大漠，只在法奇和比尔马两个绿洲或阿奇哥尔的井旁歇息。除夏季几次短暂暴雨外，泰内雷沙漠几乎是涓

市镇，人口约有七千。

从这里山洞发现的壁画来看，约八千年前曾有新石器时代的人居住。说来奇怪，这些壁画显示当时的气候比较潮湿，证明过去数千年来沙漠加速形成。这个地区干燥酷热，在阴蔽处气温仍高达摄氏五十度，可能就是现在人口日渐减少的原因。连续的旱季使人无法从事大规模的耕种，也不利于发展工业。不过，山上倒有些天然资源，包括大量的盐、锡矿、钨矿等。最近在阿加德兹附近又发现特别珍贵的铀矿，这对艾尔山区的人口和经济可能大有裨益。

滴全无。牧人只好竭尽所能把牲畜带到岩盆和喷泉喝水。

艾尔山区住着一些沙漠居民，名叫杜立格人，大部分都过着游牧生活。现在有些已改为务农，住在山谷；有些则在城市从商，其中最多人聚居的是阿加德兹，这是一个绿洲和

白色沙漠中的整齐驼队，是沙漠中的一道风景线！

索夫奥马洞穴 ——衣索比亚
Zoff Omagh Cave

▶▶▶▶

№018

这个地处偏远的衣索比亚岩洞，是非洲最长的地下洞穴之一。

地址：衣索比亚
名称：**索夫奥马洞穴**

索夫奥马洞穴位于衣索比亚高原一个偏僻的地区，勘探工作在一九七三年首次展开，现已测得里面的通道共约长十五公里。

一条河流从石灰岩悬崖壁的裂口流入索夫奥马洞穴，

▼ 洞穴内水乳交融的奇景引人入胜。

迂回曲折地流经绵延不绝的地下廊道。河水夹带大量沙石，在地下河道沉积成许多沙洲和沙坝。这些沙石不但没有填塞洞穴，反而把它扩大，因为遇有洪水暴发就会把沙石冲离沙洲和沙坝，产生研磨作用，侵蚀河道。

吉里曼加罗山 ——坦桑尼亚

Giri Mangalore Mountain

▶▶▶ No.019

> 这座非洲最高的山峰，实际上是由三座火山结为一体，一连串复合的火山爆发构成巍峨的轮廓。

白雪覆盖的吉里曼加罗山，高耸入云，巍峨矗立在肯亚边界附近的坦桑尼亚平原上，最高点海拔五千八百九十五米，是非洲最高、最脍炙人口的山峰。这座山独树一帜，四周没有毗连的山峰，因此显得格外雄伟。山麓有一片平原向外伸展，吉里曼加罗山雄踞其上，高出平原四千九百米。

雄伟的吉里曼加罗山，构造复杂，约长一百公里，宽六十五公里，由三座独立的火山合成。这些火山在过去二百万年间开始爆发，熔岩荒野相互重叠，而且局部掩埋。中央是最高的基博峰，东面是较低矮的马文济峰，西面是设喇峰。

三座山峰中，设喇峰最古老，遭受侵蚀也最严重，从前远比目前高耸。不过经过一次猛烈的爆裂喷发后，峰顶塌陷，随后再遭侵蚀磨平，现在已变成一个高原，海拔仅三千七百七十八米。

马文济峰没有设喇峰那么古老，远看只像基博峰旁边一个隆凸，其实却是一个明显的岩质山峰，海拔五千三百五十四米。饱受侵蚀的峰顶，凹凸不平，四周岩壁陡峭，与基博峰之

地址：坦桑尼亚
名称：吉里曼加罗山

山势巍峨连绵，美丽多姿。

间有一条约长十一公里的马鞍形山脊相连。

整座复合山体中央最高部分是基博峰，经过几次爆发周期形成。从平原仰望，基博峰像覆雪的平滑圆丘。不过实际上基博峰顶部是个破火山口，巨大的盆形洼地直径达二公里，由从前较高的峰顶崩陷造成。接踵而来的喷发在破火山口内形成另一个火山口，直径约九百米。这个火山口的一部分后来又给第三次喷发形成的火山渣锥填塞。

吉里曼加罗山高耸入云，影响山区本身的气候。从印度洋吹来的风，受到山坡所阻而折向上方，湿气化作雨雪，结果山上有不同植被带，与周围平原上的热带稀树草原和半荒漠密灌丛构成鲜明对比。最低处的山坡可能一度长有树木，但今天已辟为农田，种植咖啡、玉黍等农作物。接着是热带雨林，一直向上伸展，到海拔三千米的地方，才给草地和高沼取代。

到海拔四千四百米处，是高山荒漠，除地衣外，只有很少其他植物生长。峰顶则终年积雪，吉里曼加罗山的史华希里语原名，意即"闪闪发亮的山"，也是由此而来的。

在圣洁雪峰的白色映衬下，所有的绿色、黄色与金色都更加妩媚动人。

维多利亚瀑布 —— 桑比亚–津巴布韦
Victoria Falls

▶▶▶   №.020

这条大瀑布狂泻而下，冲出罕见的深渊，与瀑布本身同样慑人。

英国探险家李文斯顿跟先前的土著与后来的游客一样，在见到维多利亚瀑布之前，已久闻其盛名。一八五五年十一月十六日，这位首先来到维多利亚瀑布的欧洲人，在今天尚比亚南部和津巴布韦北部之间的三比西河划独木舟顺流而下时，老远就看到地平线上升起一股股烟雾般的水气，直冲云霄。

三比西河河水从悬崖边缘倾泻而下，轰鸣之声，震耳欲聋，飞溅的水花犹如云雾，因此当地的土人称这条瀑布为"雷鸣的烟"。一帘雾气冲天，直达三百米上空，有时远在四十公里外也可看见。

李文斯顿登上瀑布上方一个小岛窥望下面的深渊时，更感惊异万分。这位探险家以其祖国女皇的名字命名瀑布，后来还誉之为"我在非洲见到的最大奇景"。水流在河道最宽

地址：桑比亚–津巴布韦
名称：维多利亚瀑布

气势磅礴的瀑布群从高处飞流直下，构成了一处壮丽的奇异景观。

处从悬崖骤泻而下，整幅水墙宽逾一千六百七十五米，总落差约为一百零七米。

瀑布最大的特色是下方跌水潭深渊。瀑布下游没有宽阔的河谷。在距离瀑布本身的峭壁仅七十五米处，有与瀑布齐高的峭壁环抱深渊。泻下的水流在峭壁屏障冲出一个宽六十米的缺口，也就是狭窄深渊的惟一出口。

三比西河河水全都由这个缺口流出，奔腾而下，洪水季节时流量约达每秒七千六百五十立方米。过了这段短短的出口峡谷后，河水蜿蜒穿过一个夹壁陡峭的大峡谷，长七十公里，沿途经不少急弯，向下游进发。

这个弯曲的峡谷，是因基岩满布深隙而造成。三比西河在这一带流过由砂岩层和厚实的玄武岩熔岩流构成的高原。随着时光流转，基岩饱受侵蚀断裂，交织成深深的纵长裂缝网，裂缝相交成锐角。

裂缝位于脆弱带，易受侵蚀扩宽，下游峡谷的曲折急弯，都是瀑布向上游后退到现今的位置时，相交的裂缝饱受侵蚀拓宽而造成。今天瀑布脚下的狭窄深渊，是由一条与河道成直角相交的裂缝受侵蚀后形成的。

不过这个深渊终有一天也会变成上游峡谷的急弯。在整幅水墙的一端，有一条湍急的小瀑布，称为魔鬼瀑布。水流现正在这里循另一条与河道成直角相交的裂缝开始侵蚀崖边，这段峡谷扩大后，全部河水就会泻下新的深渊。旧瀑布那段悬崖终会干涸。

不过这样的改变将在很久之后才会出现，目前游客依然可从面对瀑布的悬崖顶上，欣赏维多利亚瀑布的近景。

站在高耸的绝壁上，心情固然激荡，但也千万要小心啦！

肯亚峰
Kenya mountain

——肯 亚 ▶

▶▶▶   № 021

肯亚峰本来有更高的峰顶,虽然早因遭受侵蚀而削平,不过依然是非洲的第二高峰。

肯亚峰是座庞大的火山,海拔五千一百九十九米,东非的吉库尤人奉若神明,认为是神祇的住所。肯亚峰就在赤道之南,但峰顶巍峨高耸,所以较高处的山坡覆盖着十多条闪闪发亮的银白色冰川。这是非洲第二高峰,仅次于吉里曼加罗山。

肯亚峰最显著的特点之一,是参差嶙峋的峰顶。原来的火山锥,至少比目前的峰顶高一千米,但由于饱经侵蚀,才有今天的样子。崎岖的悬崖实际上是一个火山颈,即深埋在原来火山道内、熔岩凝固成的极坚硬岩颈。火山锥周围较松软的岩石侵蚀净尽后,剩下抗蚀力强的岩石,称为岩颈。

肯亚峰由三个不同阶段的火山活动形成,时间在二百五十万年至三百万年前之间,成因可能是东非大裂谷地带的强大应力和结构变动。大裂谷是地壳内一条庞大的裂缝,从叙利亚经红海一直穿越东非。

肯亚峰上现存的冰川,是上次冰期结束时,即约一万年前,遗留下来的。当时肯亚峰正如非洲其他高峰一样,山峰有许多巨大冰舌,切凿出很深的冰蚀谷,以及其他由冰雪磨蚀成的典型地貌。

在高处冰蚀谷内的沼泽高地,有许多罕见的肯亚峰植物,有些更是世界上独一无二的,其中包括形状怪异的巨型千里光属植物和山梗菜,大小有如乔木,其近亲竟是常见的野花。肯亚峰上还有浓密的竹林、茂盛的雨林,以及林林总总的动植物,大多数在国立肯亚峰公园内受到保护。

地址:肯亚

名称:肯亚峰

火山上熔岩石似冰雪般的洁白,和色彩斑斓的山峰构成了一幅亮丽的画卷。

阿比奥特河谷——阿尔及利亚
Abby Ottovalley

No. **022**

撒哈拉沙漠北缘附近，一片青葱的地带中，有一条生物赖以生存的河流。

地址：阿尔及利亚
名称：阿比奥特河谷

阿尔及利亚东北部撒哈拉阿特拉斯山脉的阿利斯山，一直都是交通的一大障碍。北面峭壁林立，邻山接岳，南面往下倾斜，俯临位于海平面以下的撒哈拉盆地。

穿越丛山的通道只有几条，其中一条是从罗马时代沿用至今的阿比奥特河谷。阿比奥特河发源自盾峰山脚附近，盾峰海拔二千三百二十八米，是阿尔及利亚北部的最高峰。河水向南流往撒哈拉沙漠，途中蜿蜒流经一个葱茏的河谷。

阿利斯山的高峰上，降水量丰沛，使阿比奥特河长流不绝。盾峰及其姊妹峰每年有三个月积雪，其余季节雨水很多。

河谷上方接邻的高地，有明显的地中海特色，橡树、松树和古雪松茂密成林，满盖山坡。但一过了壁上有古罗马军团铭刻的特格利明峡群，景色开始转变。不见树林只见矮灌丛，最后连矮灌丛也消失了。

河谷本身却满布由阿比奥特河灌溉而成的绿洲。景色最美丽的要算

狭窄的山谷两边，林木的分布颇有层次感。

菜，一坛坛花卉。崖边有一条路俯瞰河谷，可供游客俯览下面壮丽的绿洲景色。

阿比奥特河谷下方，村落星罗棋布，游客至此便感觉到从南面沙漠吹来的热风。在疏落的几个绿洲那边，是撒哈拉沙漠，一望无垠。到了那里，阿比奥特河已成涓涓细流，最后给焦干的沙粒吸收净尽。

是鲁菲村，那儿光秃秃的悬崖、贫瘠的高地，与谷床的绿林成了强烈的对比。除了枣椰树以外，还有种植无花果、石榴、杏的果园，以及一畦畦蔬

金色沙漠中的绿林碧水弥足珍贵。

梅斯考丁浴场——阿尔及利亚
Metz Corkin bathing place

在这个所谓"罪孽浴场"内，温泉水中丰富的矿物沉积成石锥和石柱。不过根据一个阿拉伯传说，这些石锥和石柱是上天禁止一次婚礼进行，整个婚礼行列的人招致惩罚而化成的。

地址：阿尔及利亚

名称：梅斯考丁浴场

阿尔及利亚东北部有个圭尔马镇，离镇不远有全国最闻名的温泉胜地，温泉就在风光旖旎的小山谷内。这个山谷以岩石结构奇异闻名，自古罗马帝国时期以来，一直吸引许多好奇的游客到访。

梅斯考丁浴场的阿拉伯原文是

"罪孽浴场"的意思，因当地一个古老的传说而得名。据说一个男子欲娶自己的妹妹为妻，这对乱伦的男女和其他参与婚礼的宾客，沿山谷向上行进时，天空突然裂开，整个婚礼行列遭到霹雳的雷电袭击。每一个在场的人都因这项从天而降的惩罚化成了石

美丽的浴场是城市居民休闲放松的绝佳场所。

头，连各人身穿的长袍也当场凝住。

水从山谷内十个不同的温泉涌上，喷出的一团团蒸气，远远都可以看到。泉水的温度极高，达摄氏九十八度，所以游客可在基岩上许多曲折的水道内，煮鸡蛋自娱。

泉水也饱含碳酸钙、铁质和其他溶解了的无机物。随着流水渐渐冷却，无机物就沉积在地面，主要形成一种含碳酸盐的岩石，称为石灰华。梅斯考丁浴场奇形怪状的岩石结构，就是由这种岩石组成的。

在温泉的附近，游客首先见到一连串错综的圆锥状岩石模型，色泽由雪白至深赭色都有，这就是传说中受到惩罚的"婚礼行列"。再向前行就是一叠壮丽宏伟的岩石结构，形似教堂，闪烁夺目的喷泉，有五彩缤纷的石灰华帷幕镶边。千条沸腾的水流涌出地面，蒸气在空际凝结，四周笼罩迷蒙的雾霭。

梅斯考丁浴场的泉水饱含无机物，而且附带放射性，据说可以治疗风湿病、关节炎以及其他疾病。古罗马人曾在这一带建立殖民地，并且大兴土木，至今依然可在附近见到遗迹。虽然大多数人喜欢使用梅斯考丁浴场近年来添置的现代化设备，但古罗马时代的浴池仍然大派用场。

历史悠久的雕像
静待游人解读。

桥峡
Bridge Gorge
——阿尔及利亚

▶ ▶ ▶

No.024

一个穿越石灰岩山脊的峡谷，自古至今都是通往撒哈拉沙漠的途径之一。

地址：阿尔及利亚

名称：桥峡

赤红色的山体与庞大的黑色阴影构成鲜明的对比，一派神秘壮观的景观。

　　在阿尔及利亚的撒哈拉沙漠北部边缘，有一个穿越石灰岩山脊的大裂缝，约宽四十米，两边陡峭的石壁约高一百二十米，活像一个力大无穷的神话英雄踢成的缺口。因此，约二千年前，古罗马奥古斯都第三军团的士兵戏称之为"海克力斯神的皮靴"，实在非常贴切。

　　事实上，这个峡谷是由桥峡间歇河冲蚀山脊造成的。这条河现在很容易涉水渡过，不过从前气候较潮湿时，流量比今天大得多。

　　古罗马人曾经不厌其烦地在河上建造一条拱桥，遗迹至今依然可见，

由此可知这是进入沙漠的重要天然通道。这条交通干线，从北面二百公里外的地中海延伸至南面四十公里的比斯克拉绿洲，是运送货物和军需品的几条可靠途径之一。即使在今天，一条现代化的公路和铁路，也是依循古罗马人建造的通道筑成的。

　　阿拉伯人占领北非时，称这个大裂缝为"峡"，显然是因为他们对峡谷和南端美丽的绿洲不大感兴趣，倒赞叹罗马人造桥的精巧工程。

　　不论名称如何，桥峡久以景色奇丽闻名。公元二世纪时，一队来自帕密拉的叙利亚弓箭手驻守在这

里，据说还种下第一批枣椰树。到了一八五四年，一营法国军队开入比斯克拉时，看到桥峡尽头的绿洲有一片枣椰林，惊喜之余，曾大吹号角。较晚近时期，法国作家、艺术家弗洛曼汀发觉桥峡的景色没有多大改变，写道："过桥之后，约走一百步就可以进入峡谷，走下一个陡坡后，有条雅致小村，由溪水灌溉，四周有二万五千棵枣椰树。这时已进入撒哈拉沙漠了。"

桥峡一年四季的景色都是那么怡人。两边的石壁似乎都染上沙漠的暖色，有各种深浅不同的赭色，略带黄金与琥珀的光泽，随着时间与季节而浓淡不一。峡谷尽头给枣椰林涂成一片沙漠难得一见的青绿色，相映成趣。

绝壁顶端顺势而下的细长瀑布如云雾般缥缈。

奥格腊比斯瀑布 ——南非洲
Aug Labees Falls

▶▶▶

No. 025

奥兰治河河水在壮观的瀑流上轰鸣翻滚，然后冲下狭隘的花岗岩深谷。

地址：南非洲

名称：奥格腊比斯瀑布

幽蓝的湖水与白色的石块，以及绿树山丘一起构成了一幅绝妙的风景画。

奥兰治河是非洲南部最长的河流，从东部龙山山脉起，流入西面的大西洋，几乎穿越整个非洲大陆，全程二千一百公里，河道时宽时窄。在南非和西南非(纳密比亚)边界附近，奥兰治河分成很多条河槽，跨距宽达三千米。离这里不远，河道突然变窄，河水从一块高地的边缘坠下一百四十六米，落下的距离甚至比非洲更出名的维多利亚瀑布还要高。

瀑布底的跌水潭，据说蕴藏着宝贵的钻石，还有一条巨蛇；瀑布的水就是从这个深潭冲下惊险的峡谷。科学家认为，这个恰好顺着地壳断层造成的峡谷是水蚀花岗岩的最佳例子。

世界各大河中以流经奥格腊比

斯瀑布的奥兰治河流量变化最大。旱季时流量极少，只有涓涓细流注入峡谷。到了雨季，即十月至翌年三月，流量激增，分开多达十九条瀑布滚滚涌入峡谷。瀑流呼啸而下时，雷鸣似的声音响彻云霄。"奥格腊比斯"这个名称，起源于南非荷屯陶族土语，意思是"响声极大的地方"。一般人常沿用以英王乔治四世命名的旧名，称为英王乔治瀑布。

　　早在一七七八年，东印度公司一位欧洲籍职员首次发现奥格腊比斯瀑布。但在一九六三年以前，几乎无人能到那里去。

一九六三年，瀑布附近开辟了一条公路。一九六六年，该地辟为国立奥格腊比斯公园后，成为旅游胜地。现在游客甚至可以乘坐小型飞机，在瀑布上空一览胜景。

湍急的水流似一道白链从高处直泻而下，让这磅礴的大山也充满了生机。

龙山山脉 ——利索托-南非
Drakensberg

▶▶▶

No.026

非洲南部起伏不平的沿岸低地上，矗立着龙山山脉的火山岩峭壁和崎岖的山峰，活像攻不破的城堡。

地址：利索托-南非
名称：龙山山脉

美洲南部大部分濒海地带，是一片狭窄的低地平原，从大西洋海岸起伸展，绕过好望角，循印度洋岸边北

上。沿着非洲南部海岸线，离开沿岸平原不远的内陆处，地势陡然升高，峭壁和山岳耸峙，这是一个广阔盆形

部分光线被山岭遮挡，整片山坡的色彩显得层次错落

内陆高原的边缘地带。

这一带群山形成的障壁中，最特出的是高原东面边缘，名叫大陡崖。大陡崖从罗得西亚向南伸展，大致与印度洋海岸平行，最高、最有气势的一段，称为龙山山脉。这个名称的由来，有几种不同说法，其中一种是相传从前各山峰上住有一种蜥蜴，既会飞又会喷火；另一种是有许多人认为，山脉上的崎岖山巅，看上去很像龙背的轮廓。龙山山脉最高的一段集中在利索托，利索托是一个独立共和国，四周与南非共和国接壤。龙山山脉是由南非共和国的特兰斯瓦尔伸入好望角省，从东北向西南，绵延一千一百二十五公里。

山脉的最高峰是提哈贝那山，海拔三千四百八十二米，在利索托境内。这个非洲南部的最高峰，说来奇怪，土著只把它称作"美好的小山"。高逾三千米的山峰，有香槟堡、巨人堡、喷泉山等。其他较矮的山峰，都有同样传神的名称，例如：大教堂峰、金字塔峰，铃峰、哨兵峰、犀角峰等。另有一座特别崎岖的山岭，称为"小小号角之地"。

龙山山脉下的安闲小镇上，居民过着悠然惬意的生活。

龙山山脉的美丽景色，不仅是以山势高耸见称。最令人屏息的景色，是高原东部边缘上几乎垂直的陡崖。有些陡崖直下约三百米，然后分为几段下降九百米左右，最后才是缓缓斜向东岸绵延起伏的草原。

正如一般人的料想一样，这些地形的变化都是岩石结构不同而形成的。龙山山脉的基岩层，是一叠厚厚的砂岩层，每层几成水平，早于二亿六千万年至一亿八千万年前已沉积在那里，其中一种名叫"洞穴砂岩"，

最不平凡。风雨侵蚀洞穴砂岩，造成了无数奇丽的洞穴和崖洞。这些洞穴誉满天下，是世界上最优美的天然画廊之一。洞穴的墙壁上，有史前布西曼族人创作的无数图画，全都以色彩美丽和技巧高超驰名。

屹立在基层砂岩上面的陡崖峭壁，却由玄武岩熔岩构成。大约从一亿五千万年前开始，玄武岩熔岩不断从基层岩罅涌出，铺在基层岩上形成广阔的水平层面。一层熔岩冷却后，另一罅隙又涌出熔岩，有时形成厚达

五十米的岩层。到熔岩不再涌出时，基层砂岩已盖上一个玄武岩高原，有些地方厚达一千三百七十米。

其后经过一段很长的时间，风化作用刻蚀出龙山山脉。即使到今天，从印度洋上吹来的风暴，每年都为龙山山脉带来约二千毫米的降水量。长长的河流，特别是奥兰治河，从高原顶部徐徐向西流入大西洋，而东面短得多的河流则急泻入印度洋。河道上的许多急流和瀑布变成切割工具，在火山岩障壁切

出大大小小的峡谷，其中有些峡谷十分深邃，这就是整条龙山山脉种种壮丽景色的成因。

绵长山谷中碧水常流，岸边的居民独享天籁。

天地造化所钟的绝岭幽谷，身临此境自有超凡脱俗的感受。

提柏斯提硴湖 ——查 德

Thisbetija Lake

No.027

一个大爆裂火山口底部的大片白色碳酸盐，是一段悠长的火山活动历史硕果仅有的遗迹。

地址：查德

名称：提柏斯提硴湖

碧蓝的湖水为岛屿渲染上一层明媚别致的色彩。

查德西北部的提柏斯提山脉是撒哈拉最高的山脉。这条山脉于五百万年前开始的火山活动中诞生，满布崎岖的火山峰、壮观的破火山口和火山口，以及沸腾的温泉，证明在某些地点仍有极接近地表的岩浆。

这里一带火山活动最显著的遗迹之一，是个火山口状的大洼地。这个大洼地活像一个露天大矿场，直径长约八公里，深约一千米。洼地的底部大部分地方，都覆盖着一层闪耀发光的碳酸盐，是所谓硴湖的所在，那如

雪的白色，与高达一百米的几个黑色小火山渣锥相映成趣。

火山口十分奇特，不仅其面积极

生无穷的威力，加深了这个大坑穴，连体积达五立方米的大石块也被抛到十公里以外的地方。

大，而且从前火山喷发时没有构成岩层堆。其他这样巨大的火山口是由地壳陷入空的岩浆层形成的，这个火山口则不同，科学家认为它是由连续三次猛烈的爆发造成的。每次爆发都产

今天，火山已恢复平静，只有小裂口喷发出气体。温泉流出含矿物盐的泉水，在撒哈拉的烈日下，水分迅速蒸发，留下矿物盐，使覆盖洼地的耀眼白色碳酸盐层，越积越厚。

群山巍峨，碧水悠悠，繁花掩映之下美如仙境。

苏波洛木温泉 —— 查德
Subolomu Hot Spring

No.028

在撒哈拉沙漠一个山谷内，沸腾的温泉和间歇泉证明当地经历过猛烈的火山活动。

地址：查德
名称：苏波洛木温泉

苏波洛木温泉位于查德北部提柏斯提山脉高处山谷。这条山脉在五百万年前猛烈的火山隆起活动中诞生，撒哈拉沙漠的最高点伊米科西山也坐落在这里。大部分火山活动早已沉寂，只有苏波洛木及几个温泉仍保留火山活动的遗迹。

从苏波洛木所见的众多温泉、间歇泉和喷气孔(放出有毒的硫磺烟雾的裂口)可知，仍有一股熔岩相当接近地表。熔岩不再从谷底流出来，只有气体、蒸气及热水从地壳的洞口和裂缝中逸出。

雾气蒙蒙的温泉池边尚有火红的岩浆，一派奇异而瑰丽的景致。

地方，泥浆池的热泥浆给逸出的气体卷起，到处飞溅。

酸性的泉水温度很高，又含有硫酸盐、盐类、氨、氧化铁及其他杂质。部分矿物在间歇泉出口周围沉积成为锥形小墩，部分矿物则在溢出的水慢慢流过谷底时，把古代的熔岩流染成鲜明的色彩，包括盐晶体的鲜明白色、硫磺沉积物的黄色，以至滑泥中浓淡不同的红色和灰色。由于这种热水所含的矿物成分高，当地人很重视其疗效，尤以治疗风湿病最见效。

温泉内饱含气体的水，不停沸腾涌出表面，温度由暖和的摄氏二十一度至烫人的摄氏九十二度不等。地下蒸气压力逐渐累积，至某个程度突然喷出热水和蒸气时，形成间歇泉。在其他

布兰岬 ——突尼西亚

BuLan Gorge

No.029

在突尼西亚北端，一对银光闪耀的陆岬赫然伸入海中。

地址：突尼西亚

名称：布兰岬

风格独异的建筑和热闹非凡的街道，体现出这里浓郁的民族风情。

在突尼西亚北端的布兰岬，一对气势雄伟的陆岬伸入地中海，宛如一双手臂环抱着一个隐蔽的小湾。在灿烂耀眼的阳光下，白色的石灰岩陡壁与清澈碧绿的海水互相辉映。

小湾两岸对峙的悬崖，是两个岬角的最高部分，崖壁几乎垂直，落差达一百米。陆岬顶端从这些最高部分缓缓下倾到外缘较低的陡壁，这些陡壁依然十分壮观。

这两个陆岬本来合而为一，是地壳沿南北轴向上拱起的产物。拱起部分最外层是由大量的石灰岩沉积物所构成，约厚八十米，中心有一团泥灰

岩。泥灰岩是一种白垩黏土。

因为泥灰岩比石灰岩容易受剥蚀，所以中心的泥灰岩逐渐下陷，引起上层的石灰岩崩塌，结果中心部分形成一条陡峭的深沟，这就是原来的岬角一分为二的原因，而中间的地沟则成为我们现在所见到的小湾。

布兰岬的地壳变形大概发生在五百万年至三百万年前，不过没有人可以肯定岩层何时向上拱起。据估计，在一百万年前，布兰岬已和今天大同小异。

陡壁受侵蚀后变成白色，所以布兰岬的原意是白岬。在离岸较远的内陆上，同样的石灰岩露头经过风化而成灰色。波涛不断冲蚀陆岬的陡壁，还底切其基岩。此外，雨水渗入石灰岩隙缝，使陡壁一块块的塌陷，露出未经风化的白色岩石表面。

充满异域风情的宗教建筑。

朱古达台地 ——突尼西亚
Jugurtha platfrom

▶▶▶

No.030

这座巨大的天然堡垒，曾是一个山谷的底部，现在却赫然矗立在平原上。

地址：突尼西亚
名称：朱古达台地

在突尼西亚西部的平原上，屹立一座约高六百米的堡垒形孤山，称为朱古达台地。这个平顶山地约长一千五百米，宽五百米，四面都是几乎垂直的峭壁。

朱古达台地活像一座堡垒，长期以来公认是坚固无比的要塞。公元前二世纪，北非努米底亚古国朱古达王抗拒罗马人入侵时，就利用这个台地作城堡。当时他的军队在陡峭的岩壁上凿级登上台地顶端。即使今天，峭壁最高处还留下一百八十级石阶的遗迹。

视野广阔的台地城堡自古就是战略要塞。

台地表层是坚硬的石灰岩，覆盖着下面较脆弱的页岩层，因四周的山地侵蚀净尽而形成。原来的谷底变成当地的最高点，地质学家称这种地貌为"倒转地形"。

罗温乍里山脉——乌干达-萨伊
Rowan Zali Range

▶▶▶   No.031

这条白雪覆顶的山脉，年中大半时间被云层遮蔽，一直都惹人遐思。

公元二世纪时，希腊地理学家托雷米绘了一张地图，图上指出尼罗河的神秘源头就是"月亮山脉"。他认为山脉位于地中海滨尼罗河口以南三千二百多公里的地方。他猜错了尼罗河源头的位置，约一千七百年以后，却有人找到他所猜的山脉。

十九世纪八十年代，著名探险家斯坦莱在维多利亚湖以西约二百四十公里处，看到一条未为外人知悉的大山脉，其位置几乎与古代托雷米在地图上指明的月亮山脉相同。

这条云雾深锁的山脉，旧名固然迷人，斯坦莱却喜爱其非洲名：罗温乍里，意即"雨神"。山上降水量，每年一千九百毫米，灌注无数溪流，是尼罗河水源之一，比其他支流的位置更高，却并不是尼罗河的最终源头。

罗温乍里山脉沿乌干达与萨伊两

地址：乌干达-萨伊
名称：罗温乍里山脉

在雪峰下的碧湖岸边休憩，是多么令人惬意！

拔三千至四千三百米之间的高处，有大片青葱的雨林。那里的山坡上长满苔藓、地衣、大量像树一样大的巨山梗菜、千里光属草本植物和其他开花植物。

国边界，大致由北向南伸展，其中六座山峰海拔逾四千六百米。最高的马格里塔峰，海拔五千一百零九米。各大山峰为一群小山峰包围，沿着山脊升起。山脉约共长一百二十公里，宽四十八公里。

罗温乍里山脉位于北半球离赤道不远处，峰顶却终年冰雪覆盖，在较高处还有几条谷冰川。在山上海

这个地区的其他大山脉由火山作用形成，而罗温乍里山脉则是由古老结晶基岩向上逆冲形成的。依地质学来说，这算是相当晚近发生的事，可能在过去二百万年之内。隆起的原因不详，但似乎与邻近大裂谷形成时出现的大规模断层作用及陷落有关。

圣洁雄伟的雪峰，似要与天对语。

曼丁山
Mandingues

——马 利

▶▶▶   No.032

过去万千年间，自然界的侵蚀力，把非洲这些僻远的群山，雕凿成奇形怪状的壁垒和传奇人物的石像。

在马利西部尼日河上游附近，曼丁山陡然矗立，高出周围一切。连接的一大片砂岩高原，多处边缘是高达三百米的陡崖，而高原本身也给切成一座座孤山，并侵蚀成希奇古怪的形状，引起许多传说。

举例来说，一座小孤山侧面是多石悬崖，活像一些奇怪的人形。这堆岩石名为顽妇孤山，看上去像几个人围住一个坐着的妇人。据说成因是一个年轻妇人前往寻找失踪的丈夫，途中却迟疑起来，坐下不再向前走，上天为了惩罚她不忠，便把她和同行一伙人都变为石头。这一列化为顽石的队伍，只是曼丁山上许多天然石刻之一。其余的有些像传说中的人物，有些像要塞陷落后遗下的废墟。

曼丁山的山基是有十多亿年历史的结晶基岩，其成分主要是花岗岩、片麻岩以及片岩，早已饱受侵蚀。后来在这层古老的岩石上，又形成厚厚的沉积砂岩，有些地方更盖上玄武岩层。

过去万千年，地壳的应力和移动，在这大片平顶砂岩上造成无数裂隙及断口。自然界侵蚀力就是

地址：马利
名称：曼丁山

↓
奇特的孤山崖壁好像经由艺术加工的雕塑作品。

冲着这些弱点，才能把山岳刻蚀成现在的特殊形状。在过去的年代，这个地区的气候比目前潮湿得多，湍急的河流在砂岩高原上，切出一个个很深的河谷。

结果，今天的山岳上有一座座大小孤山，周围还有陡崖和多石的悬崖。其中一些孤山是平顶的，其他的山顶却呈圆形，许多高达八百米。孤山受到流水和山崩的无情袭击，经过悠长的岁月，已刻蚀出巨大的雕像。

这些砂岩孤山也因为自然侵蚀产生许多山洞。相信史前时代土著曾在这些洞中举行仪式，庆祝收获节日。今天曼丁山的旅游业越来越发达，除了探访史前洞穴遗迹外，爬山和打猎也成为流行的消遣。这片高原表面盖了一层红土，滋养广阔的草地，与四周热带稀树草原林地，形成悦目的对比。

灰暗的色调把这水岸小镇渲染的素雅迷人。

安德林吉特拉山 ——马达加斯加
Andelin Jeter Mountain

▶▶▶ №.033

在巍峨的山岳地带，热带植物和久经侵蚀的岩石，竞相争辉。

这条位于马达加斯加东南部的山脉，南与北、东与西、山顶与山脚，都有明显的差别。山脉由花岗岩之类的岩石构成，从北向南伸展约六十五公里，是一道较长的陡崖一部分。陡崖把海岛东岸的低地与中部的宽阔高地分隔起来。

安德林吉特拉山起于北部，是一列硕大孤立的穹丘，海拔五百米。山脉中心地带最宽阔，达十公里，然后向南逐渐尖削。在这个地带，矗立着一系列饱受侵蚀的宏伟山岳，其中包括布比峰，海拔二千六百五十八米，是整条山脉的最高峰。南端还有一座孤立的埃伏海比峰，海拔二千零六十九米，与主脉隔着一个很低的山口。

安德林吉特拉山东西两面，也有明显的不同。西面的山坡缓缓下斜，部分地区树林密茂；东面则是一系列光秃秃的穹丘和满布凹槽的陡崖，热带风暴不时侵袭，每年带来一千七百八十毫米雨量。急流严重冲蚀山脊，造成一条条很深的水道和沟壑，还把穹丘刻蚀成庞大的雕刻品。山脉名称的意思是"岩石沙漠"，的

地址：马达加斯加
名称：安德林吉特拉山

奇异的树木倒映在碧水之中，美丽异常。

确名副其实。

山脉另一项值得注意的特色，是植被随海拔高度而有明显不同。山脚是一片满布兰花的热带雨林，接着是一个铺满地衣的地带，地衣花彩交错，又厚又像胡须。到了海拔二千米的山坡，便是一片宽大的灌木地带，形成一道简直无法通过的障壁。最后"岩石沙漠"是一个草地。

过去这一带崎岖的山地，是住在低地的伯斯里奥部族避难隐居之所。现在大部分地区已经列为自然保护区，以供科学家研究和观光客游览。

茂密的森林中云烟缭绕，置身其中早已分辨不出是真是幻。

曼德拉卡瀑布 —— 马达加斯加
Mande Raka Falls

▶▶▶   No. 034

在一片茂盛青翠的树林中，一条水花飞溅的瀑布，奔腾冲下花岗岩构成的障碍物。

曼德拉卡瀑布虽然并不特别高，落差大概只有三十米，却以景色如昼著名。曼德拉卡河流过一片青葱的原始林，突然从一个花岗岩岩突边飞坠而下，形成白沫飞溅的瀑布，然后继续向东流。这条瀑布距离马达加斯加首都塔那那里佛仅六十五公里左右，现已成为度假胜地。

曼德拉卡瀑布跟马达加斯加东部许多其他瀑布一样，是由地形和气候两大因素形成的。一条山脊像硕大的岩石脊柱，由北向南伸展，差不多纵

地址：马达加斯加

名称：曼德拉卡瀑布

◖ 动听的乐声给青翠的树林增添了少有的生机。

贯整个岛。从高处开始,地势向西逐渐倾斜,形成一系列高原和平原。东面的地势突然下降为一系列阶梯般的陡崖,高三百至六百米,下临狭窄的沿岸平原。

这道陡峭的山壁,称为"大悬崖",有多处地方是无法逾越的。山壁既阻碍交通,又是气候障壁,因为由印度洋不断吹来的潮湿风,受到山脉阻挡,转向上吹。空气上升时冷却,其中的水汽凝结成雨,降落在高地上,因此经年常有暴风骤雨。雨水汇成许多湍急的短河,向东流到海岸,途中常有不少大小瀑布。

浪漫的海滩一景。

在曼德拉卡瀑布区,一边山坡大部分较松软的变质岩渐渐遭受冲蚀。松软岩石遭冲蚀殆尽,便露出较硬的花岗岩。其中一处抗蚀力强的岩石露头,阻碍了曼德拉卡河的水流,河水突然从岩边飞坠,造成水花飞扬、泡沫四溅、永不休止的曼德拉卡瀑布奇景。

艾姆斯弗兰石壁 ——摩洛哥
Ames Forlan Stone Wall

▶▶▶ №.035

灰、赭两色的石壁耸立在干涸的河床上，看来像一排由巨人凿成的石柱。

一排排高大的石柱，加上仿如教堂建筑的尖顶，使豪特阿特拉斯山脉的这道宏伟石壁早已享有"大教堂"的美名。石壁的基部矗立在干涸的河床上，高约五百米。基顶向里收进后，石壁继续向上伸展，总高度达七百米。

石壁由硬岩层和软岩层交替组成。松软的黏土岩层比坚硬的砂岩和砾岩岩层容易受到侵蚀，因此石壁表面满布几乎成水平的沟壑。此外，在山脉隆起时，岩块又出现许多垂直裂纹，这些脆弱的部分后来受到侵蚀，结果形成半圆形的巨大石柱。

若要到石壁基顶的向里收进部分，须沿着一条相当险峻的小路攀登。不过，能够在石壁基顶上浏览周围壮丽的景色，也不枉费攀登时的艰苦。

地址：摩洛哥
名称：艾姆斯弗兰石壁

斑斓绚丽的石壁美得如诗如画。

乌姆拉比亚河喷泉区 ——摩洛哥
Umlabia River Fountain Region

№.036

北非一个翠绿的河谷内，岩隙涌出无数清澈的冽泉，注入奔腾的河流。

地址：摩洛哥
名称：乌姆拉比亚河喷泉区

摩洛哥的主要河流乌姆拉比亚河，发源于中部阿特拉斯山脉高处，先流向西南，然后折向西北，流至卡萨布兰加附近注入大西洋，全程五百五十五公里。乌姆拉比亚河的流量，比摩洛哥其他河流的稳定，所以河道上几个地方兴建了水坝，贮水作灌溉和发电之用。这条河流量稳定的部分原因，可以从上游附近找到答案。清凉明澈的河水流过一个遍布雪松森林的深谷时，有无数喷泉的泉水汇入，即使在灼热的夏日，这些森林依然保持苍郁繁茂。

这个喷泉区的喷泉数目，一般人都说共有四十个，但确数没有人知道，可能还要多。泉水像从四面八方涌出，有的从浅池冒出，有的从岩缝喷出，还有些从天然阶状水坝泻下。再往下游长约二十公里的河段，两岸又有无数细流汇入。

这些泉水的来源，可以追溯至深山内的一个石灰岩盆地，远在乌姆拉比亚河源头之外。盆地内的岩层一如其他石灰岩区的一样，被侵蚀成蜂窝状，满布地下水道，这是千万年来由表面水经裂罅渗入后溶解石灰岩而形成的。

间歇性暴雨和积雪融水，不断渗入地下水道，最后在石灰岩层下方遇到一层倾斜的不透水岩石。渗漏水流过不透水岩层表面后，在乌姆拉比亚河谷内岩石渗出的地方，重见天日，这是喷泉区有无数喷泉涌出的原因。

澄清的河水边，神秘的气质变的有些安详。

达夫乌特村 —— 摩洛哥
Duff Ute Village

▶▶▶   No.037

> 这条巨大岩石结构包围的小村，春回大地时，生机最盛；杏花怒放时，景色更加壮丽。

达夫乌特村离摩洛哥南部的大西洋海岸约八十公里，位于安提阿特拉斯山最美丽的风景区之内。在这个美景纷呈的山区西面，有一条石英岩大山脊，棕色色泽略带桃红，称为紫晶山。山坡上光影交叠，闪烁生辉，早已脍炙人口。达夫乌特村四周矗立着堆满乱石、巨砾的岩层，苍郁的绿洲幽藏在一些山谷内。这些山谷周围是绵延广阔的大麦田和杏林，春天杏花怒放时，不仅使整个地区生意盎然，而且平添几分妩媚。

热带粉红色的花岗岩层十亿多年前已形成，当时一股汹涌的熔岩受地下强大的压力挤逼，涌入上层更古老的岩石，这些古老岩石饱受侵蚀后，露出花岗岩。花岗岩受风雨侵蚀，产生风化作用，原本狭小的裂缝和岩石的节理逐渐扩大，山块断裂成石墙、岩柱、平缓的圆丘和摇摇欲坠的乱石堆。

地址：摩洛哥
名称：达夫乌特村

古道边繁花似锦，蓝天下村落安闲。

基伏湖 ——卢安达-萨伊

Kivu Lake

▶▶▶

No.038

这个由四周火山造成的湖，景色十分优美，是非洲大裂谷的一部分，湖岸线也因这些火山而不断改变。

地址：卢安达-萨伊
名称：基伏湖

沿着非洲大裂谷的西支部分，有一连串清澈明亮的湖泊，基伏湖是其中一个，公认是非洲最美丽的湖。不平凡的地质变化，造成了这个湖莫测的深度和参差不齐的海岸线，更使水流转向，原来流入大海的水倒灌湖中。

基伏湖约长九十公里，宽五十公里，湖深平均二百二十米，最深处则达四百七十五米。西面毗连萨伊，东面与卢安达相接，湖上岛屿星罗棋布。

基伏湖坐落的大裂谷，约二千五百万年前开始形成。当时两条大致平行的断层带在非洲地盾形成。非洲地盾是大陆下面有亿万年历史的花岗岩基岩。经过了一连串剧烈的隆起运动，断层两侧的陆地慢慢上升，

一条条山脊在湖水中倒映出极富层次的美景。

溪流则从相邻的高原泻下，刻蚀出深入峭壁的山谷。

直至约一百万年前，湖水从现在基伏湖的位置沿裂谷流向北面，经尼罗河注入地中海。后来基伏湖以北火山群的火山开始爆发，于是彻底改变了这里的地貌。累积的熔岩流渐渐筑成一道很高的障壁，把原来流入北面的水堵截成现在的基伏湖。湖水水位上升，侵入昔日引入湖盆的河谷，造成湖岸犬牙交错的峡湾状小湾。

湖水不断上升，终于溢出南端的高地，构成一个新的水系型。今天基伏湖的溢流向南经鲁西西河注入坦干伊喀湖，再排进横过非洲的刚果河奔入大西洋。

明媚阳光下的壮美山水。

以至海拔二千五百至三千米。同时，断层之间的陆地却渐渐下沉。基伏湖的湖面仅海拔一千四百六十米左右。

这些运动最后在地壳内造成一条又长又窄的凹槽，由坦干伊喀湖向西北伸展，形成现在的大裂谷。随后侵蚀作用把裂谷两旁尖削的陡崖磨平，

罗弗尔瀑布 ——萨 伊
Lofrol Falls

▶▶▶

No.039

在草木茂盛、未受破坏的原野上，一股壮丽的水流溢过陡崖倾泻而下。

地址：萨伊

名称：罗弗尔瀑布

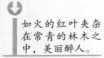

如火的红叶夹杂在常青的林木之中，美丽醉人。

在萨伊东南端，有一个孤零零的高地矗立，名叫昆德仑古高原。西面边缘是险峭的陡崖，俯瞰七百五十米下广阔的沼泽平原，这里有一条河迂回流向北面。

高原上降雨稀少，每年大概只有一千毫米。即使这样，依然有一些河流发源于此。这些河流在高原边缘分成无数大小瀑布倾泻而下，冲蚀出很多峡谷，接近平原的更深更窄。

罗弗尔河是其中一条，发源于昆德仑古高原，全河很短，在原始气息的环境里，冲下一个草木茂盛的深谷。整条河最雄伟的景观是一条壮丽的飞瀑，名叫罗弗尔瀑布。

罗弗尔河的水流猛然溢过陡崖边缘，泻下崖脚巨大的跌水潭，总落差达三百四十米。尽管在六月到十月的旱季里，罗弗尔河的流量大幅减少，在其他日子里，这条瀑布仍然是一处扣人心弦的奇景。

一九七〇年以来，罗弗尔瀑布及附近一带，已划入自然保护区，辟为国立昆德仑古公园。公园里的植被，有山麓丘陵的密林，还有高原上热带稀树草原似的草地。雨季开始后，长满野草的高地上，万紫千红的野花绽放，格外赏心悦目。

国立昆德仑古公园也以种类繁多的野生动物闻名。狮和猎豹在丘陵和平原上漫游，大象冲过灌木丛地带。成群的食草动物，如斑马、羚羊、旋角大羚羊、麋等，在旱季时都到低地平原觅食，雨季重来时又退到山麓丘

陵上。

　　尽管公园内的膳宿供应有限，道路也很崎岖，游客仍然会尽兴而返。

他们除了可观赏罗弗尔瀑布和种类繁多的野生动植物外，更可从高地俯览下面壮丽的河谷。

世界最有**魅力101个**自然奇景

第三章......

美 洲

尼亚加拉瀑布 ——加拿大－美国
Niagara Falls

▶▶▶
No.040

尼亚加拉瀑布由两条瀑布合成，集柔美和刚劲于一身，气势有如万马奔腾，较少瀑布能跟它媲美。

尼亚加拉河并不十分长，由河源伊利湖的出口到终点安大略湖，全程只有五十五公里，然而闻名遐迩。约在北向流程中点处，尼亚加拉河挟五大湖中四个的溢流夺崖而下，形成尼亚加拉双瀑布。

游人还没有看到瀑布，老远就听见雷鸣般的声响。即使这样，到游人面对两条连绵不息的激流从山羊岛两侧倾入峡谷的景象时，还是难免一愕。山羊岛北面是长长的，几乎笔直的亚美利坚瀑布，约宽三百二十五米；南面和西面，即尼亚加拉河靠加拿大的一边，则是呈优美弧形的蹄铁瀑，弧长稍逾六百七十米。两条瀑布的落差都是五十五米。

尼亚加拉瀑布看来又古老又没有多少改变，其实不然。这条瀑布仅在

一万年前冰期结束时才形成。在原先覆盖着北美洲一大片土地的巨大冰冠融解时，大湖区及其水系型就逐渐形成今天的样子。曾有一个时期，五大湖的湖水流进密西西比河，但是随着冰川向北消退，湖水就利用今天的出口，取道安大略湖和圣罗棱斯河流入大海。

安大略湖在大湖区东端，也最接近海平面。这个湖位于尼亚加拉瀑布以北十一公里处，地面急剧下降，形成悬崖峭壁，尼亚加拉河在流往安大略湖途中，本来就是在这个地方如万马奔腾般倾泻而下。

但急流早已不在这片悬崖的边缘泻下。崖顶有一层厚厚的极坚硬的白云岩(石灰岩的一种)，几乎成水平。其下是页岩层、砂岩层和其他比顶层

地址：加拿大－美国
名称：尼亚加拉瀑布

举世闻名的景观，是全世界最为壮美的瀑布。

↑ 城市的灯火把这
壮观的瀑布映衬
的绚丽多彩。

易受侵蚀的岩石。流水滚下崖边，卷起下面河床的坠石，崖底较脆弱的岩层给冲蚀掉，剩下突出的白云岩崖檐。不过，这些白云岩终于受不住强大的张力，大块大块地坠落。

千百年来，由于白云岩不断受到底切，瀑布渐渐退向上游，尼亚加拉峡也随着拓宽加深。一般人相信，这条瀑布约在六百年前退到与目前大致相同的位置，那时河道当中的山羊岛把瀑布一分为二。

由于山羊岛西南面的河道既宽且深，侵蚀作用加速，冲蚀出蹄铁瀑的大弧形陡崖。根据估计，自从一六七八年法国探险家亨尼平第一次看见蹄铁瀑以来，这条瀑布已后退了三百多米。至于只占尼亚加拉河流量不足十分之一的亚美利坚瀑布，则稳定得多，长长的崖边大体上成直线。

尼亚加拉瀑布两旁都开辟了公园。几条横跨峡谷的桥梁中，最著名的是彩虹桥，就建于瀑布之下，游人站在桥上可观赏到溅得高高的水花上形成的彩虹。此外，从公园里风景怡人的径道，尤其在加拿大那边观瀑，也可大饱眼福。游人更可到附近的观景塔或乘直升机俯览瀑布区。不过最使人悠然神往的，是置身在峡谷湍流上往来的船只。这种船传统上称为"轻雾女郎"，因为据说曾有一名印第安少女划独木舟坠下尼亚加拉瀑布，其阴魂有时会在水花中出现。

尼亚加拉河水在伊利湖与安大略湖之间的落差共达九十九米，庞大的流量早已用来发电。今天，瀑布上游的河水被引进巨大的输送管，流到瀑布下游的发电厂。因此现在经瀑布流下的河水已经比从前减半。

河水流量减少，以及瀑布上游建有精心设计的控制系统，都使侵蚀作用的速度放缓。尼亚加拉瀑布一直都在后退，不过已比从前缓慢得多。根据专家估计，在未来几百年间，这条瀑布还会大致保持在目前的位置。

美国经济最繁荣的曼哈顿岛，高楼林立。

沙格累河——加拿大(魁北克省)

Sagle River

▶▶▶

No.**041**

这条巨大水道其中一段是河流，部分是峡江，夹在雄伟慑人的峭壁间。

地址：加拿大(魁北克省)

名称：沙格累河

▼

世界闻名的魁北克以其优美的自然环境成为世人向往的旅游胜地。

沙格累河源自魁北克省南部的圣约翰湖，注入魁北克省东北一百九十公里的圣罗棱斯河。河道很短，总长不过一百七十公里，却有两个显著的特征。三分之一河道是一条汹涌澎湃的河流，一直奔流下泻，河水湍急。余下的三分之二河道是一条峡江，是一条冰蚀而成的深沟，夹岸是陡峭的悬崖。

沙格累河的源头是圣约翰湖，湖盆近乎圆形，面积约一百万平方公里，湖水最深处约达一百米。数条河流从崎岖的珞伦辛高地注入湖中，但水势只是稍微平伏了一阵子。在湖的东岸，湖水分两条水道逸出，迅即汇合成沙格累河，然后急速向低地奔流。

沙格累河流抵达峡江的起点希库第米时，下降了约九十米，实际上

穿着传统服饰的青年骑马游行，为游人展示当地的传统风情。

已与海面齐平。这条河的上游兴建了不少堤坝，为这个地区的主要工业、庞大的炼铝厂、木浆造纸厂等供应电力，现在不再是桀骜不驯的河流了。

从希库第米到下游一百一十五公里的塔达沙克，即与圣罗棱斯河汇合的地方，沙格累河流过一条比海平面低很多的深沟。

冰期之前，极可能早已有一条河流依循大致相同的路线，穿过一个较平缓的水蚀谷。后来，一条冰川向前流下古老的河谷，挖掉古老的基岩，还刻蚀成一条典型的U字形冰蚀沟，平均约宽一点六公里。

今天沙格累河的峡江，平均水深二百四十五米，有一处更深达二百七十八米，沿江两岸大半是灰色的峭壁。最高的地方位于三一岬和永恒岬这两个岬角处，岩壁在水面上的部分高三百五十米，在水面下的部分也相差不很远。

海水可一直到达峡江的起点，最大潮差达六米。圣罗棱斯河口湾的高潮急速涌到峡江起点，只需时四十五分钟，打旋的水拍打岩石的岸边，蔚为奇观。从前，峭壁上嵌有系船环，小船可以安全地暂时停泊，直至汹涌的水流平静下来。

今天游船已可在峡江内自由往返，游客除可饱览雄伟的景色外，还有机会欣赏雪白可爱的白鲸在沙格累河污浊的河水里游弋嬉戏。

繁华的港口一角。

兔锅温泉——加拿大(西北地区)

Rabbit Pot Hot Spring

▶▶▶

No.042

在加拿大的偏僻荒野中，大量富含矿物质的泉水从地下涌出，形成许多小池，层层相连，有如阶梯。

地址：加拿大(西北地区)
名称：兔锅温泉

一座座美丽的桥梁把现代化的半岛都市衬托得更加繁华。

加拿大南纳汉尼河流域地处偏远，景色奇丽，不知有多少离奇的传说和故事流传。探矿的冒险家在这里你争我夺，自相残杀，客死他乡，留下许多神秘的凶险事迹，从当地一些地名可见一斑，如破脑壳河、死人谷、送葬山等。

当然也有较赏心的传说，例如长久以来一直有谣传，说深山中有个和暖如春的"伊甸乐园"，终年不见冰雪。这个地区有种种故事流传，原因自然是区内温泉处处，尤以兔锅温泉最为著名。

兔锅温泉位于南纳汉尼河的支流兔锅河一段曲流旁，别有洞天。一块拱顶巨石，几成圆形，直径约六十九米，高二十七米，顶部中央有一个小池，泉水四溢，流下层层相连的阶梯状小池，每个小池边的弧形石壁，约高三十厘米。这些天然水池的颜色，自带黄白色至灰色都有，在四周浓密的云杉树林中，显得格外醒目。

顶池中涌出的泉水温暖适中，约为摄氏二十一度。这里是石灰岩地区，所以泉水饱含溶解了的碳酸钙及其他矿物质。浅浅的泉水流过凹凸不平的石面时，溶于水中的矿物质沉淀下来，沉积成岩层，形成一种易碎的石灰华。

这些阶状岩石结构，尽管表面看来年湮代远，实际年龄却不大。距今约一万年前的冰期，这一带地区完全被大陆冰冠掩盖，即使原有岩石墩，也应该全遭摧毁了。冰川消退，泉水涌上地面，溶于水中的矿物质才开始沉积成层层岩石。

今天，石墩仍在不断变化中，只不过较难察觉而已。各个小池日久充满岩质沉积物之后，泉水从边缘泻溢，又形成新的阶状屏障层，造成小池。

一九七二年，兔锅温泉划入加拿大国立纳汉尼公园受到保护。区内胜景还有冰川湖、积雪的高峰、原始森林、深邃洞穴、阴暗峡谷中白沫飞溅的汹涌急流等。公园中与兔锅温泉齐名的是维金尼亚瀑布，一双高瀑直坠荒峡，堪称奇观。

灯火点亮了都市的繁华，夜晚的城市更加浪漫迷人。

珞矶山脉 ——加拿大、美国

Loji Range

No.043

▶▶▶

这条壁立千仞的山脉，从一个远古的海洋巍然升起，直插云霄，纵贯北美洲西部。

地址：加拿大、美国

名称：珞矶山脉

珞矶山脉由阿拉斯加向南延伸，直达新墨西哥州，是一个庞大山系的一部分。该山系沿着南北美洲西部而下，一直延伸到智利南端的合恩角。珞矶山脉北端部分称为布鲁克斯山脉，跨越阿拉斯加北部，然后在东部与加拿大珞矶山脉的几个支脉合并。在美加两国边界以南，山脉继续向南伸展，穿过爱达荷州、蒙大拿州西部，怀俄明州、犹他州、柯罗拉多州及新墨西哥州，最后与墨西哥的东马德雷山脉连接。从阿拉斯加到新墨西哥，珞矶山脉总长约五千公里。

珞矶山脉东面的边界处轮廓分明，峰峦由阿尔伯达伸展至新墨西哥，耸立在大平原上，成为一堵向东面倾斜的陡墙。西面则邻接一系列高原和盆地，界线并不明显。这些高地由北至南计有英属哥伦比亚的内陆高原、美国西北部哥伦比亚高原、大盆地以及柯罗拉多高原；西面又毗连喀斯开山脉和内华达山脉的高峰，然后连接位于太平洋沿岸的海岸山脉。

珞矶山脉最高的山峰全集中在柯罗拉多州，那里有五十多座海拔四千三百米以上的峰峦。其中最高的是易北特峰，位于丹佛城西南面，海拔四千三百九十九米；而加拿大珞

绵延于整个北美洲西海岸的珞矶山脉雄伟壮丽。

流分隔的大山脉，原属于一个浅海床。有一段时期，一条狭长的沟槽从墨西哥湾延伸至北极海，纵贯北美洲西部。随着岁月流转，冲入海的岩层填满沟槽，积成厚厚的砂岩、石灰岩、页岩及其他沉积岩。

约六千万年前，一连串隆起运动使岩层升出水面变为山脉，其中牵涉到多种不同的造山运动过程。那些南北走向的个别山脉，都是由地壳挤压成延长的褶皱造成的。后来，侵蚀作用使褶皱表层的沉积岩剥落，露出古代结晶基岩的岩心；在山的两侧，本来成水平的沉积岩层大幅倾斜，留存至今。

其他地方的地壳断块，也沿着主要断层逆冲而上。这类断块山最特出的例子，是怀俄明州的德敦山脉。那时断层以西的山脉上升，而东面的杰克逊谷却下沉。今天，德敦山脉陡峭的山壁，高出谷底二千米之多。

白云飘过的珞矶山优美动人。

矶山脉的最高峰是洛布生峰，海拔三千九百五十四米。

这条崎岖山脊由北向南伸展，成为北美洲的珞矶山脉分水岭。西面的河水流入太平洋，东面的则注入北极海以及大西洋。加拿大的河流，如太平河与亚塔巴斯卡河，都是通过马更些河流入北极海的。其他源自珞矶山脉东侧的大河，包括密苏里河、黄石河及格兰河等，最后都流入大西洋的墨西哥湾。流向太平洋的河流计有育空河、哥伦比亚河以及柯罗拉多河。

现在把奔向太平洋和大西洋的河

穿越金黄色山脊的公路，如同通往天上仙境的小径。

　　蒙大拿州北部格来雪公园内的琉易斯山脉则刚好相反，是由逆掩断层造成的。当时地壳一大断块在毗邻另一断块之上向东面滑行达五十五公里，使古老的基岩盖在较幼年的沉积岩层上。另一方面，爱达和州的山脉大多是从一片硕大的岩基侵蚀出来，一团从地心涌上的熔融物质挤入覆层岩石，最后冷却凝固，在山内形成巨大的花岗岩心。

　　火山的活动也有助珞矶山脉成形。柯罗拉多州西部和新墨西哥州的圣胡安山脉，就是由一系列火山爆发所造成的。山脉北面是黄石高原，由不断涌出的熔岩流造成。区内有许多间歇泉和温泉，足以证明即使在今天，熔融物质仍然相当接近地面。事实上，珞矶山脉大部分的矿藏都是由熔岩从地球深处夹带上来的。熔融物质涌入地壳后，凝固成岩脉，埋藏着金、银以及其他金属。

　　大概两百万年前，珞矶山脉最后

一段上升时期结束，变成现在的模样。接着冰期冰川开始发挥其侵蚀力，冲刷山坡，造成碗形冰斗、波光闪耀的湖泊、嶙峋的山峰，以及U字形的冰蚀谷。现在珞矶山脉北部的高峰上依然有许多冰川。冰期留下的遗迹中，最瞩目的就是加拿大境内的哥伦比亚冰原，横跨珞矶山脉分水岭，占地共三百一十平方公里。

尽管连绵不绝的珞矶山脉起源各有不同，但是正如大多数游客同意的，都有旖旎的风光和不同凡响的气势。许多大片的原野地区，现已划为国立公园或保护区。相信这一带美丽的山色，将可以完整无瑕地一直保留下去。

山石嶙峋，植被纷披，远望天际如梦似幻。

赫尔麦肯瀑布——加拿大(英属哥伦比亚省)
Hull McCann Falls

▶▶▶

No.044

在原始的山区荒野中，一条泡沫迸溅的瀑布，从崎岖的峭壁狂泻下来。

地址:加拿大(英属哥伦比亚省)

名称：赫尔麦肯瀑布

↓
瀑布的水势为重重凸石稍阻，呈现出流离绚烂的气派。

卡里博山脉在加拿大西端英属哥伦比亚省东南面。山中的省立威尔斯格雷公园，是一大片原始荒野地带，天然美景令人惊叹不已，其中有高耸的山峰、冰川、死火山、熔岩流、浓密的针叶树林、满布野花的高山草原等。这个公园最主要的特色是奔泻的跌水、轰鸣的瀑布和滚滚的急流。游客在公园中处处都听到瀑流奔泻的隆声。

公园内有十二条大瀑布，赫尔麦肯瀑布是最高、最壮丽的，也是默尔图河六条大瀑布之一。流水奔腾直泻一百三十七米，冲入一个满布碎石和白沫翻滚的跌水潭中。

公园里的河流和湖池之下是非常古老的基岩，大部分在六亿到八亿年前形成；其余的也有三亿五千万到五

亿五千万年的历史。自从这些古老的岩层成形后，千百万年来经历过复褶皱、隆起和逐步剥蚀变了形。过去二百万年间多次冰期的冰川扩大了公园的山谷，舀出几个又长又大的湖盆，今天湖水波光粼粼，闪烁在荒野之中。

横亘山谷之间的坚硬岩石，有些没有遭受冰川侵蚀，构成悬崖和岩突，在这些地方，河流形成壮观的瀑布，赫尔麦肯瀑布是其中一条。

今天公园里有各种野生动物，黑尾鹿、麋、驯鹿等数量极多；水獭、狼獾等较小动物也不少。北部山野则有灰熊和山羊。园中河流以盛产鳟鱼闻名。丰富的野生动物和壮丽的景色

使威尔斯格雷公园大受徒步游客欢迎，而园内的湖泊和湍急水道也成为独木舟好手的乐园。

湖水幽蓝如镜，群峰倒映水中美轮美奂。

维尔京群岛公园 —— 美国(维尔京群岛)
Virgin Islands National Park

▶▶▶

No.045

这个风光迷人的小公园，保存西印度群岛一个世外桃源的原始景致。

地址：美国(维尔京群岛)
名称：维尔京群岛公园

刚刚退潮的海岸静谧优美。

圣约翰岛是美国维尔京群岛三个主岛中最小、最可爱的一个。这个加勒比海小岛饶有特色：内陆树林茂密，古朴秀丽；海岸犬牙交错，附有绵长的月牙形洁白沙滩；离岸的热带海域又有无数五彩缤纷的珊瑚礁，海水澄澈晶莹，一片涟漪。

自一九五六年以来，岛上三分之二面积(约占地三千八百五十公顷)，已划入国立维尔京群岛公园内。西印度群岛各岛的特色，是与大海分不开的，因此环岛二千三百公顷海域也划入公园范围内。

游客多半先为公园的壮丽海岸所吸引。圣约翰岛约有四十个犬牙交错的大海湾，各具特色。游客可以戴上潜水用的通气管，探索离岸的许多珊瑚礁，欣赏穿梭其间色彩缤纷的热带

沙，构成雪白的海滩。

公园的陆上地区也是风光旖旎的。大路小径盘绕主要由火山岩构成的崎岖山丘。游客在那里可以踏勘公园内浓阴蔽天的亚热带森林，一度繁茂的甘蔗园留下风光如画的遗迹，以及远在一四九三年哥伦布来到维尔京群岛之前已有的印第安石刻。从岛上最高点，海拔三百八十九米的波尔多山，可以饱览山下的田野与宁静安谧、岛屿星散的大海。

鱼和其他各种各样海洋生物。在棱龟湾，一条明显的天然海底小径，引导潜水人去观赏光怪陆离的珊瑚礁生态。这些珊瑚礁除可消减海浪的冲击力，使海岸免受侵蚀之外，还可化成粉末，称为珊瑚

弧形的海岸边居住着几户"人家"，那绝美的享受多么令人惬意！

萨里萨里纳马高原 ——委内瑞拉
Surrey Nama Plateau

▶▶▶

No.046

这个偏僻的热带高原上，有两个巨型深坑，四壁都是悬崖，阴暗的坑底森林密布，可知其面积广大。

地址：委内瑞拉

名称：萨里萨里纳马高原

英国名作家柯南·道尔在其作品"湮灭了的世界"里，虚构了一个悬崖参天的高原作为小说的背景。书中描绘的景象，可能是取材于当代一些探险实录。当时有一队探险家深入委内瑞拉南部蛮荒考察，在奥利诺科河的支流考拉河流域，发现了好几个类似的荒僻高原，巍然矗立在周围的地区之上。

其中一个名叫萨里萨里纳马高原，占地七百七十五平方公里，四周是无边无际的森林。由于地处偏僻，

茂密的山林一片翠绿，在雾气的笼罩下显现出一种大自然的淳朴之美。

除了飞行员偶尔瞥见之外，外人难得一睹。

一九五四年，一些飞行员隐约看见萨里萨里纳马高原上有两个仿如巨井的深坑。直到二十世纪六〇年代，才有探险家联合勘探这两个耐人寻味的坑洞，结果证实高原以北确有两个几乎浑圆的巨大渗穴。这两个渗穴究竟怎样形成？

无论多大的渗穴，地质学家都不

美丽的山林一景。

觉得是什么新奇的景象。世界各地有许多岩溶地貌，渗穴、溶洞和伏流都是这种地貌的特征。不过这些特征多数只见于石灰岩或其他岩石可被地下水溶解的地区。

萨里萨里纳马高原耐人寻味的地方就在这里，因为高原并非由石灰岩构成，而是坚硬结实的砂岩和石英岩。地质学家从来没有在这一类岩石区发现溶蚀的现象。他们若要探知真相，显然必须亲自到当地勘察。

一九七四年初，一支由三十个成员组成的研究队飞抵高原，在较大的渗穴附近扎营。他们发现坑穴的直径竟达三百七十米，深度则为三百一十四米。研究队再深入探测时，发现穴底较为宽阔，在七零八落的砂岩石块中，有枝繁叶茂的树木，阵阵强风不时从脚下的隙缝中吹上来，可以推想高原内可能有个大洞穴网。他们为纪念第一位到该区探险的科学家韩波德，就给这巨穴命名为韩波德深渊。这个深渊不但奇特，而且大得惊人，是已知溶蚀作用造成的最大渗穴之一。

离韩波德深渊不远的是马特尔渗穴，规模虽然较小，不过绝非平平无奇。穴底同样长满丛林植物，还有一条未经探测的通道，一直钻入高原内部。

一九七六年，另一支探测队抵达萨里萨里纳马高原，研究那两个奇异的坑穴和另一个后来发现的深坑。由于地质学家未能解释这样的渗穴为什么在砂岩区内形成，这三个深坑的成因至今仍是个谜。有人认为深坑是由于一些洞穴顶部受到一种不寻常和局部地区性的侵蚀，终于不支崩塌后形成的。因为这座高原上的雨量非常丰沛，每年可高达二千八百毫米，而岩石内又有不少断层，所以这个说法相当合理。

不管怎样，探测萨里萨里纳马高原的工作虽然还在开始阶段，但所获的资料已这么引人入胜，相信尚待揭晓的谜底更能引起地质学家的兴趣。

伊圭苏瀑布 ——阿根廷—巴西
Iguassu Falls

▶▶▶

№.047

伊圭苏瀑布是世界上最美丽的瀑布之一。水花飞溅，密林葱郁，加上艳丽的野花和雀鸟，构成壮观的景色。

地址：阿根廷—巴西
名称：伊圭苏瀑布

一道宽大的水幕从山涧上飞落而下冲入潭中，荡起层层水花。

伊圭苏河发源于距大西洋海岸不远的嵯峨海山，向西流过巴西南部，长一千三百二十公里。这条河汇集了许多支流，蜿蜒流经巴拉那高原时，水量不断增加。河水翻滚过 沿途约七十条瀑布流入大海。其中一条的落差达四十米，与尼亚加拉瀑布相差不远。

伊圭苏河在快要到与巴拉那河交汇处，有一条十分壮观的瀑流，河水滚离高地边缘下坠时，声如雷鸣，具有排山倒海的气势。交汇后有一河段是阿根廷和巴西的国界。

在一个约长四公里的新月形

悬崖边缘，有一系列小瀑布，约共二百七十五条。其间有很多密林遍布的岩质小岛。有些瀑布垂直下泻八十二米，落到峡谷；那些给岩突阻挡的，溅起水花云雾，映出灿烂夺目的彩虹。

这些瀑布每一处景致都令人难忘，在青葱的背景衬托下，更加引人入胜。苍郁的树林里长满了竹、棕榈、娇嫩的灰白水龙骨。羽毛灿烂的鹦鹉和鹌鹑，在簇叶中飞来飞去，与野生的兰花、秋海棠和凤梨花争妍斗丽。

在阿根廷和巴西两国境内的伊圭苏瀑布区，各有一部分划作国立公园。游客可从风景优美的眺望站或直升机上，甚至那些直通到大瀑布的狭窄小路，欣赏壮丽的风光。

每年十一月至翌年三月的雨季中，这些瀑布最为壮观。在其他时间，水流缓慢下来，有时甚至大幅减弱。一九七八年五、六月期间有二十八天，瀑布完全干涸。一九三四年以来，这种现象还属首次。伊圭苏瀑布通常一年到头都有变化万千的奇景供人观赏。

拉巴拉他河——阿根廷-乌拉圭
Raba Rahta River

▶▶▶

No.048

南美洲这条河流虽然称为"银河"，但是河水很污浊，可谓名不副实。

地址：阿根廷—乌拉圭

名称：拉巴拉他河

↓

清澈幽静的河水倒映着水草、山丘和雪峰，构成一幅令人痴醉的绝美画卷。

拉巴拉他河意即"银河"，位于南美洲东南岸，呈大漏斗形，北邻乌拉圭，南接阿根廷。乌拉圭首都蒙特维多和阿根廷首都布宜诺斯艾利斯都建在这条河两岸。

拉巴拉他河由两条大河汇流而成，本身其实并不是一条河，而是广阔的有潮河口，有些地理学家则认为，这是一个海湾。大西洋的出口处宽达二百一十九公里，源头深入内陆二百九十公里，仅宽四十八公里，乌拉圭河由北流入，巴拉那河从西北注入。巴拉那河是南美的第二长河流，较乌拉圭河重要。巴拉那河源于巴西内陆，全长三千九百九十九公里。这两条河流及其支流，把约三百九十万平方公里土地上的径流引入拉巴拉他河。这片土地广及玻利维亚、巴西、

巴拉圭、乌拉圭、阿根廷等国的部分领土。

早期的探险家看见当地印第安人身上挂满银制饰物，所以把河流命名为银河，与河水的色泽毫无关系。巴拉那河和乌拉圭河夹带大量沙泥注入拉巴拉他河，每年约达五千七百万立方米。风和潮水不断掀起夹杂泥泞的河水。

根据过去一百五十年来所绘制的地图估计，巴拉那河的巨大三角洲正以每年七十米的速度伸入拉巴拉他河。河内有大浅滩和移动的沙洲，阻碍船只航行，即使连接大海的河口也只深二十米。阿根廷当局挖凿了一条长二百一十公里的人工河道，连接布宜诺斯艾利斯与河口的深水地带。

但由于冲进来的淤积物太多，河槽须经常疏浚，以维持足够深度供商船航行。

第一个驶入拉巴拉他河的欧洲人是狄亚斯。他在一五一六年航行到这里，目的是找寻连接大西洋与太平洋的海峡。一五二〇年，麦哲伦也曾略作探索。一五二六至一五二九年间，喀波特更深入勘探这个地方。拉巴拉他河上第一个拓居地建于一五三六年，就是布宜诺斯艾利斯市的前身，受到印第安人侵袭后便废弃了，到一五八〇年才重建起来。自此以后，拉巴拉他河及其支流渐渐发展成南美洲最重要的通航水道网，是这片人烟稠密的广阔地区内通商、交通的命脉。

夕照下的河流在群山之间蜿蜒有致。

阿空加瓜峰 ——阿根廷
Mount Aconcagua

▶▶▶

No. 049

安第斯山脉南部的一座山峰，高耸入云，是美洲的"屋脊"，也是西半球最高的山峰。

地址：阿根廷
名称：阿空加瓜峰

浮云与山势姿态协调，色彩奇幻。

智利中部首都圣地牙哥以东，沿着与阿根廷接壤的边境，雄伟的安第斯山脉巍然矗立。那里奇峰突兀，终年受狂风吹袭，山势险峻，有些海拔六千一百余米。

阿根廷境内的阿空加瓜峰，位于圣地牙哥东北一百一十公里，是西半球最高的山峰，海拔六千九百六十米，比北美洲最高的麦京利峰还要高

七百五十米。

由冰川侵蚀成的陡峭山坡从寸草不生的阿空加瓜峰顶向四面八方直下山脚，南面山坡末端是著名的尤斯百拉达峡道。这是安第斯山脉主要的通道之一，位于海拔约三千八百米处。峡内有一条公路，下面是特蓝斯安第尼铁路隧道。一八一七年，著名的南美独立战争首领桑马丁就是率军

通过尤斯百拉达峡道到达智利。他的英勇事迹与横越阿尔卑斯山的汉尼巴媲美。峡道上竖立著名的"安第斯之神"塑像，纪念阿根廷与智利签订边界协定。

如一般所料，对攀山者来说，这座美洲山岳之王一直是一项无可抗拒的挑战。一八九七年有人首次攀登成功以来，许多人攀抵峰顶，也有许多人功败垂成，死于途中，因为这座山常受强烈风暴突袭，风力时速可达二百六十公里。不过说也奇怪，纵使登山危险重重，不少狗也随攀山者成功地登上峰顶。

这座山是地壳强烈褶皱造成。后期积聚在原有沉积岩上面的火山岩，在冰期饱受严重冰蚀；山坡上的冰川至今仍然存在。阿空加瓜河是融水汇成的几条河流之一，从寒冷的高处流下，向西流入太平洋，途中灌溉肥沃的亚热带山谷。

朴实的当地土著居民。

提提卡卡湖——玻利维亚—秘鲁
Titicaca Lake

▶▶▶   No. **050**

这个南美洲第二大湖，是全世界海拔最高的可通航湖，也是著名印卡文明的发祥地。

地址：玻利维亚—秘鲁
名称：提提卡卡湖

青萍把湖面装饰的流光溢彩。

提提卡卡湖位于玻利维亚和秘鲁边界安第斯山脉东部与西部山脉之间，坐落在阿尔蒂普拉诺高原一个洼地，海拔三千八百米。由于地势太高，当地居民的生理构造与一般人有点不同。当地阿马拉族、凯契瓦族和乌罗族印第安人的肺、心脏和脾脏都较大，红血球也较多，这种生理上的适应使他们得以在缺氧的稀薄空气中生存下去。

提提卡卡湖总面积为八千三百平方公里，是南美洲第二大湖，仅次于委内瑞拉的马拉开波湖，由西北向东南伸展约一百九十公里，最宽处约为八十公里，最深处约达二百七十五米。

湖盆的旧滨线还隐约可见，显示从前的提提卡卡湖还要大。冰期末期，一度覆盖安第斯山脉的巨大冰冠解冻，大量融水注入一个名为巴利维亚湖的内陆海，即现在的提提卡卡湖。巴利维亚湖的滨线比现在的湖面

高出四十五米。

即使今天，提提卡卡湖的水位也时涨时落，相差可达五米，而且每季每年都不同。湖水来自降雨和阿尔蒂普拉诺高原边缘山峰上的冰川融水。这个湖只有一个出口，每年注入的水大约有十分之一从这个出口流出，其余都因炽烈的阳光和强劲的风而蒸发掉。

提提卡卡湖是一条重要的通商航道，汽轮定期往来。湖岸和湖上的小岛都有许多村镇。乌罗族印第安人就住在湖上，他们利用一种在浅水中生长、形如芦苇的纸莎草制成筏子为家，历代靠捕鱼为生，依然过着古老的传统生活。

远古时代的遗址，在群山之中诉说着昔日的辉煌。

大湖区 ——美国—加拿大
Great Lakes Region

▶▶▶

No.051

这几个内陆湖虽然日渐缩小，但大湖区依旧是全球最重要的淡水库之一。

地址：美国—加拿大
名称：大湖区

碧蓝的湖面连绵天际，水天一色的画卷赏心悦目。

沿美加边境，五个大湖连结成一片广阔的大湖区。西面是最大的苏必略湖，东面是最小的安大暑湖，其间有密西根湖、休伦湖和伊利湖，面积共达二十四万四千六百五十平方公里，是世界上最大的淡水水体。单就苏必暑湖来说，面积占八万二千一百平方公里，是全球最大的淡水湖。

这几个大湖过去是到北美洲内陆探险的重要途径，现在仍是一条内陆运输要道。芝加哥、底特律、克利夫兰、多伦多等大城市，就是在湖岸建立的。大湖区也是体育运动和消闲的好去处，湖边设立了不少公园和自然环境保护区。

五大湖幅员广大，而且是相当幼年的，各湖的形状和大小，仅在一万多年前才确定。湖盆是由冰期时的大陆冰川冲蚀而成。过去二百万年间，冰川几度进退，沉重的积冰冲刷前存河谷和低地，使之拓阔加深。

约一万五千年前，冰川最后一次

消退，冰川沉积堆叠成的坝状障壁，阻截了融水的流动，形成一些巨大的古湖，当时的滨线远比现时的高。后来冰川冰退向北面，低地露出，水系型改变，湖泊缩小了。这些湖泊四周仍有不少旧滨线的遗迹，由此可知从前的水位。流水本来是经密西西比河流域出海的，现在也改变了。过去有一段时期，湖水流经摩和克河流域和哈德逊河流域，进入大西洋，现在已改经圣罗棱斯河注入大海。

地壳解除了积冰的重压之后，逐渐回升，所以湖岸地区现在不时发生轻微地震。但造湖过程已经结束，过去几千年来，大湖区的廓线基本上并无改变。

山峰倒映在清澈的湖水中，几乎分不清水的边界。

白沙名胜区——美国(新墨西哥州)
Paisha Scenery

▶▶▶ No.052

世界最大的石膏沙丘地俨若一片起伏的沙海,不断移动的沙子洁白如雪。

白沙名胜区坐落在新墨西哥州南部一个群山围绕的盆地,内有世界最大的石膏沙丘地景色最美的部分。这片沙丘地浩瀚如海,高高的沙丘连绵起伏。雪白的沙子由石膏晶体微粒构成,与制造熟石膏的矿物质相同。

白沙名胜区的沙子来自盆地西面的圣安德利斯山和东面的萨克拉门多山。这两条山脉都有大量石膏沉积物,约一亿年前随着一个古海蒸发干涸而形成。千万年来,季节性的降雨和融水,夹带溶解了的石膏,从山上流入盆地最低处的路色罗湖。

由于这里极为干旱,水分很快蒸发,湖床剩下一层熠熠生辉的石膏晶体。风化作用使晶体逐渐变为细沙,西南风不断把沙子吹送,堆成沙丘。沙丘慢慢移动,每年前进达十米之多。

不停移动的沙丘上生物稀少,只有一些耐旱植物才能生长,如滨藜和丝兰。这里还有品种极珍贵的囊鼠、蜥蜴和别的动物,其雪白的身躯与炫目的石膏沙丘几乎浑然一体,难以分辨。

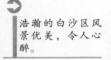

浩瀚的白沙区风景优美,令人心醉。

石化森林 —— 美国(亚利桑那州)
Petrified Forest

▶▶▶   No.053

一个古代森林由自然界的玄功妙术化成石头，其遗迹在阳光下闪闪发亮。

亚利桑那州东北部一个沙漠高原上，有一片慑人的独特美景。染上一条条横彩带的丘陵，夹杂数以千计彩色闪耀的坚硬石化圆木，散布山野间。

这就是有名的石化森林，是全世界最多林木变成化石的地区。这些石化树木现已划入国立石化森林公园，受到保护，既使游客耳目一新，又令他们感到困惑。在一片完全没有树木的沙漠里，怎会有这个石化森林呢?树木又怎样变成比钢铁还坚硬的石头呢?

地址：美国(亚利桑那州)
名称：石化森林

慑人的石化森林
美景，常令游人
耳目一新又困惑
不解。

石化森林之谜，可以追溯至大约二亿年前。当时这一带高原还是既低洼又多沼泽的泛滥平原。在温暖潮湿的气候下繁衍的大量动植物中，包括一种结毬果的大树，高达六十米。这些大树生长在目前公园南方的丘陵上，大部分给暴风雨推倒后，再由洪水冲到公园一带。

透过天然石拱看地远天高，悠然几欲出尘。

大量倒下来的树木堆积在这片满布沼泽的泛滥平原上，后来给很厚的沙泥掩盖，沉积层硬化成页岩和砂岩。与这些沉积物混合在一起的，还有大量饱含矿物质的火山灰，这是从附近火山喷出，借风力和水流散布到这里来的。

火山灰内有一种矿物是溶于水的矽土，地下水渗漏过这层沉积物时，吸收矽土至饱和程度。这种水渗透埋在地下的树木时，矽土便沉积在木材的个别细胞里。有些形成透明的石英晶体，其中大部分又与小量别的矿物质混合，再沉积为碧玉、玛瑙、紫晶和多种石英矿石。

　　树木埋在地下后，这个地区为一个浅海所淹浸。在包藏石化树木的页岩和砂岩层上面，又沉积下大量其他岩石。约七千万年前，地壳大幅隆起，造成珞矶山脉时，这一片土地也开始上升。积水排尽后，侵蚀作用继而开始。

　　覆层岩石逐层剥落，露出包藏石化树木的页岩和砂岩。页岩和砂岩层侵蚀净尽后，已变成坚硬岩石的古老树木就逐渐显露出来。有些闪耀着彩虹的色泽，有些长逾三十米，极为壮观夺目。不过这个悠长的石化过程尚未结束。

在阳光的照耀下，幽静的山谷仿佛披上了一层金色的外衣。

廷帕诺哥斯山 ——美国(犹他州)

Tipal Norgaars Mountain

► ► ►

No. 054

这座终年覆雪的大山,是崎岖的瓦萨其山脉的主峰,在骄阳煎炙的广袤沙漠上,直插云霄。

地址：美国(犹他州)

名称：廷帕诺哥斯山

山峰上的积雪在日光照耀下反射出夺目光彩。

珞矶山脉的瓦萨其山脉由北向南延伸约四百公里,穿过犹他州北部,俯临西面山谷中的大盐湖。瓦萨其山脉有许多海拔逾三千三百五十米的高峰,廷帕诺哥斯山是最高的一座,海拔三千六百六十米,峰顶终年积雪,高出西面的荒谷一千八百米。据说这座山的印第安名字的意思是"石河"。

廷帕诺哥斯山的成因跟邻近山岭一样,起初是一大块地壳沿一条南北走向的大断层线向上翘起,然后侵蚀作用把这块巨大岩石雕成一列参差的山峰。断层西面的山岭非常陡峭,东面则平缓得多。

廷帕诺哥斯山最著名的胜景是西北山肩上一列三个小巧的山洞。这些小山洞是很久以前由地下水溶蚀了山上极厚的石灰岩层形成的。洞内有精巧细致的半透明白色结晶体,像宝石般熠熠生辉。除了巨大的钟乳石和石笋之外,还有脆弱的空心钟乳石、形状扭曲的石枝和许多天然的水潭。这三个洞本来是分隔的,如今已由人工开凿的短短隧道连接,开放给游客观赏,是美国廷帕诺哥斯洞窟名胜区最富吸引力的景物。

来尼尔峰 ——美国（华盛顿州）

Lanier Mountain

▶▶▶   №.055

这座山顶积雪的火山，是喀斯开山脉的最高峰，过去较今天还要高。

一七九二年五月八日，英国探险家温哥华驶过普哲海峡，写下来尼尔峰的最早记载，但只说是座"圆顶雪山"，还以在英国海军服务的朋友航海家彼得·来尼尔的名字，给这座大山命名。

积雪耀眼的峰顶，是国立来尼尔峰公园的焦点，也是美国太平洋西北各州著名的陆标，海拔四千三百九十二米，比邻近山峰约高二千四百米，显得特别壮观。山峰经常被云雾遮掩，但晴天时，在一百六十公里远处也可看见。

山上动植物品种繁多。悬岩险坡上常有山羊的足迹。黑尾鹿和熊也很常见。最特出的是土拨鼠、金花鼠、克氏星鸦和俄勒冈樫鸟。

较低山坡上满布浓密的针叶树林，这是潮湿的美国西北岸各州常见的。海拔较高处林木渐稀，但有大片高山草甸和小树丛，游客每年都可观赏遍山野花。春夏两季，山坡上积

地址：美国(华盛顿州)
名称：来尼尔峰

奇特的圆顶雪山
美丽妖娆。

侧望圆顶围绕着孤丘,在云海之中美不胜收。

斯冰川,约长六点四公里,约宽一点六公里。四面山坡上都有许多冰斗、冰蚀谷和陡峭的山脊,证明冰期时冰川活动远较今天广泛。

来尼尔峰比喀斯开山脉中邻近诸峰年轻得多,是过去一百万年才产生的火山。熔岩突破地壳较脆弱处涌出地面,熔岩流与后来爆发喷出的碎屑层层累积,逐渐堆积成高峰,雄视四周。从峰顶相反两侧熔岩流的角度推算,地质学家认为,来尼尔峰过去比现在至少高三百米。过去的峰顶可能因火山喷发、山崩、泥流作用而塌毁。

来尼尔峰最近一次爆发是在一百多年前,那次小规模爆发喷出浮石,情况并不严重,但这座火山还没有完全熄灭。峰顶两个火山口中的裂口有蒸气喷出,融解积冰,造成许多冰穴和隧道,可见来尼尔峰内部的岩浆仍在沸腾。

雪消融,白色大花赤莲、羽扇豆、沟酸浆属植物及野花纷纷开放,彩色杂呈,美艳异常。

再往上去是永久冰雪带。二十七条相当大的冰川,像章鱼的腕,自来尼尔峰顶向四周下伸,另外一些冰川则比较小。冰川约共占地九十平方公里,是阿拉斯加州以南美国境内的最大单峰冰川系。最大的冰川名叫艾门

威斯康辛幽谷 ——美国(威斯康辛州)

Wisconsin Glen

▶▶▶   No.056

金黄色的悬崖，碧净澄澈的河水和狭窄的陷窟，构成这个砂岩峡谷幽美的胜景。

北美洲的侵蚀谷，极少能与威斯康辛幽谷媲美。这个风光明媚的幽谷，位于美国的威斯康辛河畔。河水蜿蜒流过长十一公里多的地方，两岸都是色彩缤纷、饱受侵蚀的砂岩悬崖，崖高二十四至三十米。河流首先涌过一些狭窄的陷窟，最窄处仅宽十五米，然后流过似乎可以抗拒地心引力而保持平衡的石柱，气势磅礴，终年有人前来观赏。

构成悬崖的砂岩在数亿年前形成，当时北美洲这一带地区位于一个浅海海床，而滨线附近的砂粒逐渐堆积成厚层，经过无数代，变成坚硬的岩石。

至于峡谷本身，却在较晚近才形成。过去约二百万年间，冰期时巨大的冰原在北美洲北部大多数地区进退四次，遭受侵蚀的地貌一直南伸到达伊利诺州南部。不过由于一些前进的冰川舌受到高地阻挡，威斯康辛州和邻近各州部分地区，没有遭受严重侵

地址：美国(威斯康辛州)
名称：威斯康辛幽谷

流水清幽，夹岸丛林色彩缤纷。

容易给融水冲刷净尽，所以峡壁上满布深深的沟纹，许多峡壁顶上还覆盖着搁板状的悬垂岩突。河水底切小岛的边缘之后，只留下高高的细颈柱，形如蘑菇。

蚀。未受冰川侵蚀的地区，称为无碛带，因为地貌没有冰碛覆盖。

威斯康辛幽谷就是位于无碛带边缘附近，没有受冰层的研磨。不过峡谷也是间接由冰川造成，冰原融解后，汹涌的融水流过大地，冲刷出威斯康辛河弯弯曲曲的河道。因为较松软的砂岩层

河水同时侵入横切砂岩层的裂缝，使裂缝扩大，还把尖形陷窟几乎磨成直角。皂口使今天，交替的冻融作用、雨水和融雪，还在继续改变峡壁的轮廓。

层林尽染，色彩绚烂，水雾弥漫的河面引人遐思。

格兰河
——墨西哥—美国
Rio Greande

▶▶▶ No. 057

这条大河早有历史记载，还流传不少掌故；流域虽荒凉，却有不少美景。

格兰河的源头在柯罗拉多州西南圣胡安山脉高处，海拔三千六百五十多米。从珞矶山脉分水岭附近的河源到墨西哥湾出口，全长三千零三十四公里，是北美洲第五长河。流域面积四十四万平方公里，是伊利诺州面积的三倍多。

格兰河由雪原融水汇成，先从树林密布的陡峭山坡奔腾而下，流入新墨西哥州，南下穿过该州中心地带时，进入一个长一百一十三公里、深达二百四十四米的峡谷。在中游一带，流过一个半干旱区，是瑞士五针松、刺柏和艾灌丛的天地，接着流到散布仙人掌、牧豆树和其他耐旱植物的荒漠地带。

格兰河进入德克萨斯州转向东南流，由此起直至入海，是美国与墨西哥的边界。在西德克萨斯大河曲区，形成一个大河套，穿过荒山阴谷，凿出三个峭壁参天的宏伟峡谷，其中一个深五百一十八米。美国境内大河曲一带，一度是盗贼巢穴，现已辟为公园。

过了大河曲，格兰河进入沿岸平原，饱含泥沙的河水在这里多次改道。河流经过一个以蔬菜农场和柑橘园著称的葱翠亚热带地区后，注入墨西哥湾。

格兰河流量变化很大，暮春时融水使上游水位猛涨；下游雨量稀少，而且无法预测。在好些地区，由于抽取了大量河水作灌溉用，这条河变成涓涓细流，甚至完全干涸。即使如此，格兰河一些河段的流量仍然非常可观。

地址：墨西哥—美国
名称：格兰河

露出海面的陆脊被人们建设成美丽的度假胜地。

索耳顿海——美国(加里福尼亚州)
Soildo Sea

▶▶▶

No.058

这个沙漠中的绿洲是由一场浩大的洪水造成，现已成为度假胜地和野生动物的避难所。

地址：美国(加里福尼亚州)
名称：索耳顿海

海岸被潮水冲刷出奇幻的色彩，妖艳动人。

索耳顿海在加里福尼亚州南端，是一个颇大的咸水湖，由大自然和人类共同创造出来。这个湖曾经是海湾，后变为陆围湖，再变为又干又热的盐滩，最后同变为咸水湖，有一段悠长多变的历史。

索耳顿海约长四十八公里，宽十六公里，坐落在一个大洼地底部，最深处是海平面下八十八米，而湖面则在海平面下七十米。

咸水湖坐落的大洼地一度是加里福尼亚湾北端部分。这个海湾本来介于墨西哥大陆与下加里福尼亚半岛之间；不过后来柯罗拉多河的三角洲变为一道堤坝状障壁，横亘海湾的北部。由于注入湖的淡水极少，水分又在沙漠的烈日下蒸发，这个湖逐渐干涸。有一段时期，现在的索耳顿海只是一片盐壳封盖的雪白盐滩，称为索耳顿盐滩。

柯罗拉多河下游经常改变的河道不时淹没这个盐滩，形成寿命短暂的湖池，不久就蒸发净尽。一九〇五年，河水冲破一道为灌溉工程筑成的堤坝，涌入盐滩。两年后，缺口填塞了，新形成的索耳顿海约长六十五公里，深二十七米。

此后数十年，索耳顿海水位因蒸发而下降，面积大幅缩小，不过今天已经大概稳定下来。索耳顿海西北面富庶的耕地，以及东南面葱翠的山谷，都得到柯罗拉多河的滋润。在人类的助力下，灌溉工程带来的径流，恰好抵销蒸发量。索耳顿海也成为一个度假胜地和多种水鸟在沙漠中的栖息地。

彩虹桥 ——美国（犹他州）
Rainbow Bridge

▶▶▶　　　　　　　　　　No.059

根据传说，这座世界上最大的天然石桥是由彩虹化为石头而成的。

彩虹桥虽然巨大雄伟，但因为深藏美国犹他州南部荒山间的峡谷中，从前只有当地派尤特与那佛荷两个印第安族中的少数人真正见过。一九〇九年，两名印第安人引导一队白人跋涉荒山峡谷间，几经艰苦才找到这座彩虹桥。

这队白人跟见过彩虹桥的人一样，都给这世界上最大的天然奇迹慑住了：石桥横跨八十四米，由基到顶高八十八米，等于华盛顿国会大厦的高度；拱顶的砂岩厚达十三米，足有三层楼高；顶宽十米，与公路等宽。

彩虹桥硕大雄伟，奇丽异常。老罗斯福总统称它为世界最伟大的天然奇景。带粉红色的砂岩夹杂浓淡不一的红色和棕色，在夕阳斜照下，绚烂动人，所以印第安人称之为"彩虹化石"。

彩虹桥的砂岩桥身是吹砂沉积形成的砂丘演变而成的，桥基立在较为坚硬的砂岩上。约六千万年前砂岩经侵蚀开始形成拱桥，那时整个柯罗拉多高原缓缓隆起成穹状，一条河流迂回曲折地穿过岩层表面，冲蚀出深谷，上部岩石屹立像桥。一个说法认为，河水在彩虹桥所在地方绕过阻道的石嘴，形成急弯，经过漫长岁月，河水穿过石嘴造成孔洞，形成这座石桥。另一个说法则认为，峡壁在冷热迅速变化的沙漠气候中风化破裂，形成石桥孔，桥孔扩大成巨桥。

自一九一〇年起，彩虹桥列为国家名胜古迹，加以保护。过去只有一条漫长艰险的山径可通，现在因建有水库，贮水形成波威尔湖，很容易乘船到彩虹桥去。

地址：美国（犹他州）
名称：彩虹桥

弧形的桥拱犹如彩虹，凸显于海面之上美丽异常。

蓝岭山脉 ——美 国
Blue Ridge Mountains

▶▶▶

No. 060

蓝岭山脉山势低矮，已数为磨平，常为薄雾笼罩。

地址：美国

名称：蓝岭山脉

翠绿的山林向远处延伸渐变为幽蓝，绚烂的山花点缀其间使山脉显得多姿多彩。

阿帕拉契山脉从加拿大魁北克省向西南连绵至美国阿拉巴马州，以高地森林闻名。这个宽阔的山系，是新英格兰和北加罗来纳州境内最高的，伸展一千九百多公里，形成美国东部的主脉。

蓝岭山脉绵亘大约九百九十公里，是辽阔的阿帕拉契山脉一个主要部分，从宾夕法尼亚州一条狭窄的低脊开始，慢慢延展，上升至海拔一千八百一十米。这就是北加罗来纳州雄伟的祖父峰。从地理学来说，蓝岭山脉包括大烟山脉和黑丘山脉；黑丘山脉的密契耳峰，海拔二千零三十七米，是密西西比河以东的最高峰。

沿蓝岭山脉有两条世界上风景最优美的公路，一条是穿过维基尼亚州申南多亚公园的天涯车道；另一条是蓝岭大道，连接申南多亚公园及位于北加罗来纳、田纳西两州之间的大烟山脉公园。蓝岭大道的北段跨越一个陡峭崎岖的山区。在维基尼亚州的罗诺克岛以南，却是平缓的高地。过了

◁ 镜头前的山峦铺
陈上苍翠的色
彩，显的生机勃
勃。

北加罗来纳州的酸苹果草原，山脉渐趋巍峨，浓密的常绿树林和云层遮盖的山峰，从大道上隐约可见。十七世纪初叶，有人描述蓝岭山脉说："汪洋一片的树林，活像海面起伏的波涛。"今天很多地方依旧保留这种景致。这里还有人类历史的遗迹，包括一座磨坊、几间粗糙简陋的小屋，以及其他遗物，使人想起在民谣和传说中传诵的古代生活方式。

蓝岭山脉像阿帕拉契山脉其他部分一样，一度比现在更高、更雄伟。山脉的上升运动约在二亿八千万年前完成，从那时起便遭剥蚀。

在晚近的年代，巨大的大陆冰川曾向南覆盖至宾夕法尼亚州，虽然冰川没有伸展到蓝岭山脉，但那里所有的植物已能适应寒冷气候。气候回暖后，冰雪融化，耐寒的植物只能继续在南方较高、较冷的地方生长。红云杉和福莱冶杉是冰期的遗种，生长在蓝岭山脉上较高的地带，而当地的山毛榉、桦木和红梁则是较北面的典型植物。

高峰上还有另一个植物群落。这片无树的区域，只有草和较常见的阔叶灌木。这些灌木通常粗大茁壮，品种包括越橘、山月桂和杜鹃花。杜鹃花是一种常绿灌木，每年六月开花，形成壮丽的野生花园。

宝石穴
——美国(南达科他州)
Gem Cave

▶▶▶

No.061

这个地下迷宫内有一列列闪闪发光的矿物晶体，是优美绝伦的天然宝盒。

地址：美国(南达科他州)
名称：宝石穴

崖壁反射出少见的明丽色彩，山脚下的溪流清冽诱人。

二十世纪初，有两个人在南达科他州黑山地区崎岖的地狱峡谷旅行时，峡谷半壁上一个小洞传来一阵奇异的风啸声，引起他们注意。他们把小洞口挖大，发现原来是一个洞穴的入口。他们的眼睛适应了暗淡的光线之后，竟看到洞壁上有一层层厚厚的宝石般方解石晶体，不禁更为惊讶。

这两个人领取了该区土地所有权，取名为"宝石矿脉"，开始挖掘闪亮的晶体。他们有空就探测这个如今称为宝石穴的洞穴，发现很多穴室和通道满布类似的晶体和种类繁多的滴水石结构。

美国政府付出补偿收回这个洞穴，在一九〇八年成立了国立宝石穴名胜区。迄今已勘测了一百公里长的通道，宝石穴因而是世界上最大的洞穴网之一。

宝石穴的地下通道与其他石灰岩洞穴一样，也是略带酸性的地下水渗入岩石裂隙后溶解石灰岩形成的。

游客们悠闲得欣赏着这壮美的风景，沉醉其中。

注满通道的水中，有溶解的矿物质，这些矿物质达到饱和状态的时候，便在洞壁上再沉积成为结晶体，美丽耀目，丰富多彩。这些宝石似的装饰品，多半是犬牙晶石，因尖锐的晶体类似巨大的犬齿而得名。有些穴壁上的晶体层，厚达十八厘米。

后来水从洞中流干，壁上积聚很多别的物质。除了钟乳石和石笋之外，还有更为罕见的岩饰，包括称为霜花的一串串针状矿物晶体，叫作玉米花的球状小结节，花状的石膏晶体等。最希奇的是独特的泡状物，泡壁像纸张一样薄，举世无双，只在宝石穴内才有。

风常常呼啸着穿过宝石穴的入口和一些通道，显然是大气压力的差异而使空气从高压向低压处流动所致。

神秘的洞穴奇观。

米斯带山
Meathdi Mountain
——秘 鲁

No.**062**

这座高踞安第斯山脉的锥形火山峰曾是古代印卡人祭神的地方。

地址：秘鲁
名称：米斯带山

三座火山巍然并列在阿来基帕城西面，高踞秘鲁南部安第斯山脉上。北面的察察尼山最高，最南的皮丘皮丘山最矮，而中间的米斯带山则最为著名，其最高点约海拔五千八百四十米，比坐落在山脚下的城市高出二千三百米。

米斯带山近乎匀称的锥形轮廓是秘鲁最著名的陆标。事实上，这座山早在千百年前已经使人肃然起敬。远在西班牙人到秘鲁前，当地印卡人已在山顶筑庙。这座山显然在他们的宗教中有很大意义，秘鲁的诗歌和传说也常常提及这座山。

这个地区的地震虽然只偶尔发生，不过有时也很猛烈。米斯带山已很久没有爆发过，火山口只有几个喷气孔，不断喷出蒸气和毒烟，表示

还可能爆发。

米斯带山及其姊妹山从前喷发过，居民至今仍然得益，因大部分地区覆盖着厚厚的熔岩和火山灰沉积物，土壤肥沃，使这里成为秘鲁农产最丰富的地区之一。居民也使用遍地的火山岩作为建筑材料。这种岩石轻而坚实，易于用简单工具加工。秘鲁第三大城阿来基帕几乎全用这种锌钡白色的石块建造，因而赢得"白色城市"的名称。

→ 蓝天白云下的山谷和山峰显得静谧幽远。

阿普里马克河 ——秘鲁

Apurimac River

▶▶▶ No. 063

阿普里马克河发源于秘鲁安第斯山脉的高处，河水冲下壁立千仞的大小峡谷，北流入亚马逊河。

阿普里马克河发源于秘鲁南部安第斯山脉上约五千米高的地方，由冰川的融水汇成。河道有不少急流和瀑布，泻下山坡后，横越很高的高原。

接着向北流约八百八十公里，与乌鲁巴姆巴河汇合成为乌卡雅立河，那是亚马逊河的主要源头之一。

阿普里马克河大部分流程要经过很多既深且狭的峡谷，最壮观的峡谷是河道中点附近的印卡库西，翻腾的河水夹在耸立的峡壁间，蔚为奇观。

阿普里马克河流过多种不同地质结构，峡壁裸露的岩石因而各异。有的岩壁是熔岩和其他火山岩，此外则为石灰岩，砂岩、页岩和多种火成岩，因此，峡壁色彩缤纷，纹理也大不相同。

地址：秘鲁
名称：阿普里马克河

南美洲的金字塔，与埃及金字塔同样埋藏了无穷的秘密。

合恩角

——智 利

Cape Horn

No. 064

即使驾驶现代化的船只，绕过合恩角依然是一段危险的航程。
这里的海岸风浪险恶，令人望而生畏。

地址：智利
名称：合恩角

合恩角位于南美洲南端对开的一个海岛，是一个平凡的陆岬。不过，世界上的地方罕有像这个陆岬一样，使人联想起那么多凶险和多姿多采的传说。这个岬角迎向南半球吹来的强烈西风，并且俯临世界上最险恶的一条航道。

这个岬角实际上位于合恩奴斯岛，在火地岛以南一百一十公里，但一向公认是南美洲的尽头。合恩角比其他大陆的南端更近南极洲，黝黑的页岩峭壁长期给狂风巨浪拍击，而且早已被冰期冰川磨蚀过。

许久以来，航海人士曾认为麦哲伦海峡是穿过美洲大陆的惟一航道，当时一般以为美洲大陆是一直伸展至南极的。一六一六年，一位荷兰海员发现绕过这个岬角的较南航道，以其父的出生地命名。

随着一八四九年美国加州的寻金热，无数快船宁愿冒着烈风绕道合恩角驶往那里，也不取道较短而较凶险的麦哲伦海峡。一九一四年巴拿马运河通航后，合恩角航运较前疏落，但今天，不能通过运河的超级油轮，依然取道合恩角航行。

海滩上的游客惬意地享受着大自然的恩赐。

诸圣湖
All Saints Lake

—— 智 利

▶▶▶

No.065

这个优美的湖，位于葱郁的原始森林地带，四周是白雪皑皑的火山。

这个优美的湖，位于葱郁的原始森林地带，四周是白雪皑皑的火山。

诸圣湖绝不是智利中南部湖区最大的水体，但一向公认是最美的湖之一。这个湖的面积约为一百三十平方公里，周围是森林密布的山坡，环湖耸立着峰顶积雪的火山。

由于湖水有时呈碧绿色，十九世纪的德国殖民主义者一度称之为"翠玉湖"，后来才复用耶稣会教士取的名称。耶稣会的教士为诸圣湖命名时，一般人都以为这个湖位于往帝王城的通道上。帝王城是传说中的财富中心，蕴藏大量财宝，过去几百年来，探险家一直在找寻那个城市。

特罗那多山是诸圣湖周围最高的火山，位于湖东安第斯山脉的主脉上，离阿根廷边界不远，终年积雪的山岭，俯瞰四周繁茂葱郁的森林，海拔三千四百一十五米。特罗那多山

地址：智利
名称：诸圣湖

幽静湛蓝的湖水连同岸上的一景一物，把大自然的美体现到了极致。

雪城中的居民区，
别致而浪漫。

上冰川的融水，夹带细粒的岩屑流入湖中，使诸圣湖看起来呈碧绿色。

另一座名叫潘地亚古多山的死火山，耸立于湖的北面，较高处的山坡终年有冰雪覆盖。这座火山过去曾被更多巨大的冰川侵蚀，峰顶好像尖削的金字塔。

巍峨的奥梭拿火山，雄踞诸圣湖西面，海拔达二千六百五十九米。再往西南方走，就是俯临诸圣湖出口彼陀休河的卡布科火山。这座火山较邻近的火山低矮，但更有气势，水平的山巅当中是一个巨大的火山口。

从环湖的雄伟冰蚀火山可以知道诸圣湖的起源。湖盆原是一个冰蚀谷，其后给熔岩流堵截起来。过去二百万年，安第斯山脉西侧屡受冰川严重侵蚀。从太平洋不断吹来的湿风，为群山带来大量降雪，灌注沿着山坡下移的冰川。直到两万年前，诸

圣湖湖盆仍为冰川所据，这条巨大的冰舌在奥梭拿火山与卡布科火山之间，一直向西延伸至山麓丘陵地带，挖出目前洋基威湖广大的湖盆。

冰期约一万年前结束，当时诸圣湖尚未形成。河水沿广阔的冰蚀谷流下，注入洋基威湖。后来，奥梭拿火山和卡布科火山屡次爆发，喷发物在河谷下游堆积成堤坝，堵截河水形成今天的诸圣湖。

今天，诸圣湖的水已不再向西流入洋基威湖，而是经彼陀休河南流。彼陀休河首先溢过奥梭拿火山喷出物构成的玄武岩柱，形成一连串奇丽的瀑布和峡谷。河水继续滚滚流下，沿途受到卡布科火山喷出的火山灰和岩屑拦阻，于是改向东南流，穿过一个山谷，最后注入雷隆卡维海峡。

诸圣湖一带青葱的林地，使这个四面环山的湖更添妩媚，也使人有遗世独立之感，别有一种宁静的气氛。

巴兹寇亚罗湖 ——墨西哥

Barz Coyalo Lake

▶▶▶ No.066

墨西哥境内这个湖，宁静优美，鱼产丰富，是一个观光胜地。

在墨西哥城西北方的高原上，散布几个湖泊。大多数游客认为，最优美的是巴兹寇亚罗湖。这个湖位于墨西哥城西面约二百四十公里，湖名在当地印第安语中的意思，是"赏心悦目之地"。

这个湖大致呈马蹄形，长二十三公里，面积二百六十平方公里，以环境宁静闻名。起自太平洋的湿风，带来丰沛的雨水，使湖边缓斜的山坡上，有一片片翠绿的牧地、树林和玉蜀黍田交织。远处约有二十座火山耸立，有些相当老年，已遭严重侵蚀，有些比较幼年，保存优美的圆锥形。蜚声国际的派拉库丁火山，坐落在西面八十公里处。

这些火山不但与宁谧的湖区相映成趣，也是塑造成这个湖的力量之一。巴兹寇亚罗湖正如这个地区部分湖泊一样，是由火山流出的大量熔岩流构成的坝状障壁堵截流水而形成的。

这些火山目前都已休眠，附近一带早于千百年前已人烟辐辏。一条誉为"蜂鸟之乡"的村落静卧在湖边，远在欧洲人到这里前，已是一个印第安部落的都会。当时印第安人建造的独特丁字形寺庙，遗迹依然可以在附近看到。

巴兹寇亚罗镇位于南面的山坡上，以富有十六世纪的殖民地色彩闻名，公认是墨西哥最美丽的小镇之一。每逢集市日非常热闹，因为湖区附近的印第安人都麇集镇上，销售漆器及其他商品。

沿湖滨各处及一些小岛上，散布许多小渔村。在其中一个游客趋之若鹜的小岛，迷人的建筑物排列在陡峭的卵石路两旁，此外还可在岛上俯览湖光山色，以及渔夫划着狭长独木舟横过湖面的情景。

地址：墨西哥

名称：巴兹寇亚罗湖

碧蓝的湖水敲打着岸边的礁石，奏出美妙的乐章。

阿卡布科湾 ——墨西哥

Akabuko Gulf

No.067

这是一个山脉环抱的海湾，自从十六世纪西班牙殖民主义者发现以来，一直吸引大批游客。

地址：墨西哥
名称：阿卡布科湾

朵朵浮云衬托得海湾更加美丽多姿。

阿卡布科湾，又名"太平洋之珠"，是世上最好的天然港之一。这是位于墨西哥西南岸的一个卵形凹湾，水深港阔，其中一端部分为一个半岛围绕，湾口还受到罗吉特岛掩护，使海湾免受涌浪冲击。海湾向内陆那边有一条狭窄低地，几乎全为南马德雷山脉包围，群山海拔九百米，非常险峻。

十六世纪三十年代，高戴斯率领的军队首次登陆阿卡布科湾，西班牙人随即发现海湾是个良港。阿卡布科不久便成为西班牙与中国通商的主要港口。商船载了金银定期出航，横过太平洋，回程时从远东运同丝绸、瓷器、香料等。

今天，阿卡布科湾却以旅游胜地著称。沿岸豪华旅馆林立。山坡上住宅和别墅星罗棋布，屋外绕着九重葛与黄蝴蝶花盛开的花园。海湾有长长的金色海滩，植了一排排棕榈树；有些海滩宜于早晨作日光浴，有些宜于午后在阳光下憩息。

烟 山
Smoky Mountains

——墨西哥

▶▶▶ No.068

墨西哥第二高峰与古代阿泰克族人所取的名字可谓名副其实，这座"冒烟的山"至今却仍在冒烟。

一五一九年，由高戴斯率领的西班牙殖民主义者侵入墨西哥，在现今墨西哥城附近看到好几座大火山。最引人注意的一座，阿兹泰克人称作烟山，白雪覆顶，呈对称的圆锥形。相信第一个攀上这座山峰的，是高戴斯手下一个名叫奥达兹的军官。他那种虚张声势的表现显然是要阿兹泰克人深信，入侵的军队是攻无不克的。

据说奥达兹快要攀到峰顶时，火山隆隆作响，震动起来。他躲在悬岩下，避过掉落四周的炽热火山灰，然后坚持到底登上了峰顶。奥达兹凝望火山口内，看到翻腾的熔岩活像壶中的沸水，也不禁为之慑服。他回来后，阿兹泰克人因目睹他的大胆行为而更加敬畏西班牙的殖民主义军队。

今天，烟山是墨西哥最有名的火山。青天衬托起覆盖着皑皑白雪的优美山峰，即使从西北七十二公里远处的墨西哥城也举目可见。尽管奥达兹曾遇上许多困难，一般认为烟山是比较容易攀登的山。踏足峰顶的人，都可欣赏到一番与别处不同的风光：四周火山峰环绕，远处墨西哥城的屋脊若隐若现，加上遥遥在望的墨西哥谷的尖峰，这些都可算是攀山人士的一点收获。

烟山海拔达五千四百五十二米，仅次于附近海拔达五千七百米的俄利萨巴峰。烟山不但是墨西哥的

地址：墨西哥
名称：烟山

当地居民修剪栽植的仙人掌。

第二高峰，也是北美洲的第五高峰。

严格说来，烟山是成层火山，其火山锥是由熔岩流和喷发出来的火山渣交替层叠构成。不过这座火山外形线条优美对称，掩蔽了其中稍为复杂的结构。从北面看这个火山锥，便很易看出底下是古老得多的火山遗迹。原来的火山经过一段长时期逐渐形成，后来因侵蚀作用而局部毁灭了。仅在过去约二百万年中，猛烈的火山活动重新开始，把烟山的山顶加到目前的高度。

从冰期末期堆积的一层层厚厚的浮岩可知，火山的猛烈喷发持续至

八千年前才停息。阿兹泰克人记录了十四世纪时的一连串喷发，据西班牙的史籍记载，十六、十七世纪时喷发了十次。此后，喷发次数却比以前大大减少了。最近一次不断喷出烟和毒气，是在一九二〇年，但只持续了几个月。

即使如此，烟山绝不是完全休眠，其椭圆形的广阔火山口，长轴约达六百米，深达一百五十多米，铺盖着厚厚的硫磺沉积物。火山口内到处是小孔，称为喷气孔，不断喷出有毒的蒸气。至今烟山仍不时冒出大团烟雾，正好与阿兹泰克语的古名"冒烟的山"相符。

从火山喷出的烟雾笼罩着整个山脉，置身其中，恍如仙境。

世界最有
魅力101个
自然奇景

第四章

欧 洲

蒙岛峭壁 ——丹麦

Mon Island Cliff

No.069

这些炫目的白垩质峭壁，由海洋动物残骸压实构成，是丹麦海岸众多奇景之一。

地址：丹麦

名称：蒙岛峭壁

高耸的悬崖像刀切过一般陡峭，让人望而生畏。

哥本哈根南面的蒙岛，像丹麦大部分地方一样，是地势微微起伏的低地。不过，在这个小岛东端，地势上斜至最高处，高出波罗的海海面一百四十三米。再过不远，地势渐渐向下倾斜，接着陡然下降，形成一道绵延七公里长的白色悬崖峭壁。许多地方崖高一百二十多米。

这些嶙峋的峭壁，当地人称为蒙岛峭壁，是岛上最美丽的胜地。浓密的山毛榉树林，覆盖地面，直至壁边，林中有蜿蜒小径循峡谷和沟壑伸至壁下受波浪冲刷的沙滩。

一座多石悬崖壁上涌出喷泉，名为"哭丧者"；另外一座以回声著名的峭壁名为"演说家"；还有一座叫"皇后座"。顶上一丛山毛榉形如后冠，旁边流下的瀑布给人拟作皇后长裙的拖裾。

构成蒙岛峭壁的岩石都含有白垩质，这是一种脆弱的石灰岩，中间嵌有片片燧石。厚厚的白垩岩床由七千万年前海洋动物的遗骸堆积而成，后来隆起高出海面。冰期时大冰川的重压和移动，使上层的白垩质变形，裂成巨大的岩块。大量的沙、泥、砾石等冰碛，沉积在白垩岩块之间的沟壑和地表。

海浪冲刷峭壁基部，石块片片剥落，堆积在壁脚，形成岩层堆斜坡，峭壁就慢慢后退。有时，冰川碎屑表层会滑下造成山崩。虽然如此，这些瞩目的白色峭壁，顶上有青翠的树林覆盖，倒映在海水中，仍是全丹麦海岸最具特色的一段。

霍姆斯兰克利特 ——丹麦

Holmes Lamklert

▶▶▶ №.070

在风吹浪送下，流沙堆积成一条沙丘带，堵塞了一个泻湖的入口。

丹麦西岸中点附近，有一条狭长的陆地，隔开惊涛骇浪的北海和一个风平浪静、又大又浅的泻湖。这道障壁称为霍姆斯兰克利特，约长三十二公里，宽一点六公里。这是一道天然冲积堤，上面尽是连绵的沙丘，高达二十五米，由海浪和海流冲来的大量沙石堆积而成，后来被风吹成这个样子。

霍姆斯兰克利特南端曾有一条狭窄的水道连接海与泻湖(原名林科宾峡湾)，但流沙不断涌至，终于封闭了入口。因为有几条河注入这个泻湖，所以便在本世纪初开凿了一条人工水道穿越沙障，以缓和暴风雨后沿岸的泛滥。现在，潮涨时海水便流进泻湖，潮水一退，从河流注入泻湖的淡水便流到海中。

由于有公路贯通霍姆斯兰克利特，游人可轻易到这道沙障游览。部分地区已划为游乐区，以保存独特的沿岸地貌。附近还有保护区，是丹麦境内最多鸟类栖息的地方。

地址：丹麦

名称：霍姆斯兰克利特

天蓝色的海水和金黄色的小沙岛对比鲜明，给人以视觉上的震撼。

汉镇洞
Han Town Cave

——比利时

▶▶▶

№.071

比利时一条河流冲下深渊，在地下穿过一列洞穴迷宫后，又重现地面。

地址：比利时
名称：汉镇洞

一片耀眼的色彩把这洞穴装扮的绚丽而神秘。

利斯河是一条秀丽的河流，向北蜿蜒流向比利时东南部阿顿区的马士河。这条妩媚的小河，有时流经险要的石灰岩悬崖，崖上到处都有壮观的古堡。

途中离汉镇不远处，河水的流向和特性都急剧转变。河水到一个大弯角，汹涌冲下一个灰岩坑，称为伯尔

沃斯深渊。在石灰岩山丘底下，利斯河流经一段未经探测的河道后，终于到达迷宫似的汉镇洞，洞内有许多由流水冲蚀成的洞室和廊道。过了这个洞穴，河水在地面再度出现，继续流向大海。

利斯河河道并不是一直都与今天一样。伯尔沃斯深渊附近还有两个灰

岩坑，现时已经干涸。过去河水常从这两个灰岩坑流进石灰岩层内。河床遭受下切侵蚀，使原来的河道荒置不用，还形成称为伯尔沃斯深渊的新灰岩坑。

游客可从现时利斯河之上的其中一个洞口进入汉镇洞，这些洞口是以前的河道，现在已经干涸。看过这些饰满岩石结构物的废弃河道后，可以进入更低处的利斯河地下河道，最后乘船离开山洞。

沿途最精彩的部分，是个名叫"奇妙洞"的洞室，取名可说十分恰当，还有一组四个较小的洞室，统称为"神秘洞"，里面有许多钟乳石和石笋。另一个洞室名叫"阿尔韩布瑞"，内有两条壮丽大柱，自洞庭至洞顶，周长达三米。最使人惊叹的是"拱顶堂"，这个华丽的洞室宽一百五十米，拱形洞顶高

达一百二十七米。这洞室的一部分由洞顶坍陷造成，到处散布凌乱的巨砾堆。

过了"拱顶堂"，游客可乘船沿利斯河而下，到达河水在地面重现的地方。这个出口的景色相当慑人，船只骤然从漆黑的山洞驶出，到达阳光炫目的洞口时，游客一定会留下不可磨灭的印象。

自一七七一年起，这个洞穴的勘探工作开展后，至今仍未停止。为游客而设的梯级和径道，在十八世纪中叶已铺设了。不过当地的居民比洞穴探险家更早踏足汉镇洞。汉镇设有一个地下世界博物馆，展示从利斯河及其沿岸发掘出来的古旧遗物，其中有公元前五百年铜器时代的人工制品，似乎表示很久以前，利斯河和汉镇洞对当地居民已赋有重要的宗教意义。

整洁美丽的港口城市，建筑风格独特。

瓦特那冰川 ——冰 岛
Wattana Glacier

▶ ▶ ▶

No.072

埋藏在这条巨大的冰川下面的火山烈焰，有时会引发突如其来的洪祸。

地址：冰岛
名称：瓦特那冰川

美丽的冰川攸关人类的生存，让我们一起来保护她吧！

　　冰岛虽然不如它的名字听起来那般冷冰冰，但是岛上的确盖着大量冰雪，那是冰期时覆盖全岛的冰冠残存下来的。这里的冰川占据岛上约百分之十一的面积，形状像大冰冠，每个周围都有无数冰舌向四面八方伸展。

　　其中最大的冰川要算是瓦特那冰川，在岛上东南部沿岸附近，总面积约为八千三百平方公里，比全欧洲所有冰川面积的总和还要大。这条巨大的冰川平均厚度约为九百米，体积估计约达二千一百立方公里。

　　瓦特那冰川跟其他地方的冰川一样，经常有大雪降落其上，无数冰舌从冰冠中央伸展出来，平均每年移动约一千八百米。冰舌移到低地后，冰

川鼻融化，形成岛上几条最主要的河流。

然而瓦特那冰川与其他冰川有一点重大的差异。冰岛本是由火山活动造成的，岛上地壳内部的火不但仍未熄灭，还继续影响瓦特那冰川的活动。

瓦特那冰川广布于一个庞大的熔岩高原上，这个高原上有一个凸出的火山峰，名叫赫克拉，海拔二千一百一十九米，是全冰岛的最高点。瓦特那冰川与众不同，而且隐伏危险，原因是冰川下埋藏众多火山。火山喷发时，非常高的热力使大量的冰川冰迅速融化，滚滚的融水有时会导致水灾，称为冰川消融洪，破坏力极强。

大量融水使冰川下出现巨大的水坑，越来越薄的冰终于崩溃，水坑里的融水就像决堤一样涌出，洪流夹带巨大的冰块、漂石和其他碎石往下冲。冰川消融洪以时速一百公里涌过原野，冲走房屋、农舍、牲畜和挡着去路的一切东西。一九三四年一次这样的灾劫，几天内释放出的水量超过十五立方公里。

洪水消退后，砂砾、砂子和漂石遗留在冰水沉积平原上，那是由混合的冰川沉积物构成的大平原。冰川在正常情况下融化后，遗留在河床的岩层，也是构成冰水沉积平原的物质。但是冰川消融洪遗下的沉积物太多，时常堵塞住河床，使河流改道，有时候甚至把一个地区的地貌完全改变。

瓦特那冰川西部一个偏远的地方，最宜供人研究扑朔迷离的冰川

消融洪。这里附近曾有定期的火山喷发，大概每十年喷发一次，科学家因此得到前所未有的机会研究地球上两种最大的自然力量(火山作用和冰川作用)结合的产物。他们现时仍在那里努力研究水火结合所造成的灾祸，以探求其中的奥秘。

片片浮冰漂浮在水面，构成一道独特的风景。

巴雷德拉洞穴——捷克–匈牙利
Bharadla Cave

▶▶▶▶

No.073

这个庞大的洞穴网，位于匈牙利与捷克边界，有时那里还举行音乐会。

地址：捷克–匈牙利

名称：巴雷德拉洞穴

巴雷德拉洞穴入口处。

在巴雷德拉山谷下面，有一个错综复杂的洞穴网。这个迷宫由匈牙利的亚格特拉克洞穴和捷克的多美克洞穴组合而成，在两国边境地面下伸展约三十二公里远。

这个地下洞穴网有十个入口，其中七个是天然的，三个是人工凿成的，里面有一所世界上寥寥可数的地下生物研究所。亚格特拉克洞穴的主要入口，是通往天文塔的起点。天文塔是一片高达二十米的石笋，也是欧洲已知最高的石笋之一。石笋是竖立在洞底的锥状物，由洞顶滴下的石灰水形成，洞顶也常有对应的锥状物指向地面，叫做钟乳石。通往这片庞大石笋的路程很长，需时达五小时半，途中经过几个满布滴水石(石笋和钟乳石)的走廊。巴雷德拉洞穴就是因这些滴水石而著名。

游客如果没有时间去观赏洞穴网内最多石笋和钟乳石的部分，可以参加短程游览。其中一条路线也是从亚格特拉克洞穴的主要入口出发。游客首先步下一列梯级，参观一些出土文物，然后沿着一条名为亚卡隆小伏流走，可以欣赏到海龟洞、鹰洞、双雉洞等著名洞穴。离开亚卡隆后，游客可以攀高一层，参观"黑堂"。旁边是巨大的"音乐厅"，传音效果极好，可以容纳听众一千多人。春秋两季，这里都举行音乐会，演奏交响乐和其他乐曲。"老虎堂"内，有酷似老虎轮廓的滴水石。"柱林堂"是名副其实的石笋林。最后游客穿过迷宫洞，从附近的出口走入山谷。

石雕城 ——西班牙
Stone Carving City

▶▶▶

№.074

附近山岳上奇形怪状的岩石，仿若一座迷城的废墟。

桥梁、剧院、监狱、修道院等平凡建筑物，在石雕城(迷城)却显得很独特，因为这些"建筑物"不是由人建造，而是由大自然的力量从岩石上雕刻出来的。

这座残破的"石城"，兀立在马德里附近一个高原上，高原占地约二百公顷，是岩溶地貌的一个典型例子。其成因是饱含二氧化碳和有机酸的水渗入高原后，把部分嵌在白云石里的石灰岩溶解。

石灰岩比含镁的白云石易受侵蚀，所以高原的侵蚀程度并不很均匀，抗蚀力较强的岩石形成各种不规则的形状，犹如一座石雕城。

地址：西班牙
名称：石雕城

看到这绝美的"石城"，相信你也会对大自然造物的神奇发出赞叹。

里格洛巨石群 ——西班牙
Rigollo Giant Stones

No.075

在庇里牛斯山诞生期形成的岩石，遭侵蚀成一些巨石塔，可以说真是这一次造山运动的副产品。

地址：西班牙
名称：里格洛巨石群

各种怪石堆砌成一座座奇异的石山，显得颇为壮观。

在西班牙北部庇里牛斯山的山麓丘陵上，有三群巨大的石塔拔地而起，矗立于加列哥河河谷里，统称为里格洛巨石群。这些石塔中，有许多比谷底高出三百多米。最西面的一群像巨大的哨兵，默默地在河畔守望。最高、最壮观的，是中间的一群，依偎在石塔脚下的里格洛村，看起来格外渺小。

这些满布冲沟的巍峨巨岩，是造成庇里牛斯山时的副产品。随着庇里牛斯山上升至目前高度时，各种自然力量已开始侵蚀正在缓缓上升的山峰。从高处冲下的溪涧，在里格洛一带留下大堆光滑的磨圆卵石，沉积成三角洲似的锥状地形。卵石由砂质石灰岩胶结在一起，经过悠长的岁月，固结成一团厚厚的带红色砾岩。

后来砾岩受到侵蚀，在三群石塔之间的岩石上出现许多沟壑，沟壑因山崩而加深。岩石间的裂隙也越来越宽，呈现出各群巨块独体岩的轮廓。里格洛巨石群雄踞加列哥河河谷，是庇里牛斯山南边地貌逐渐变化的明证。

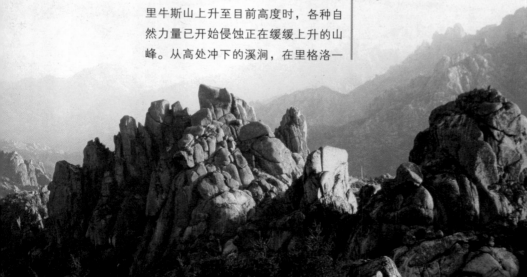

福曼托岬
——西班牙
Formanto Gorge

▶▶▶   №.076

马约卡岛是巴利亚利群岛中最大的岛，东北端有个风景如昼的半岛，伸入蔚蓝色的地中海。

地址：西班牙
名称：福曼托岬

据许多经验丰富的游人说，这里有一些世界上最美丽的海景。陆岬上几处久经风化的石灰岩峭壁，陡临澎湃的海面。在其他地方，峭壁毗连金黄色的狭长海滩。而从陆岬的山脉主干到海边的平缓斜坡上，则遍布芳香的松林。

北部山脉止于福曼托岬，成为马约卡岛北岸的一道障壁。山脉主要是石灰岩，约二亿五千万年前，在古时地中海海底形成。地球地壳的两大板块，即欧洲南部和非洲北部，逐渐碰撞，约四千万年前，沉积层上升，远高于海平面。后来地壳运动使巴利亚利群岛脱离大陆，也使各岛屿分开，且再遭淹没。大概五百万年前，地壳移动又使各岛屿冒出海面，与目前的高度相若。

晚近期间，两种力量改变了马约卡岛和福曼托岬的形状。马约卡岛在缓缓下沉，同时由于上次冰期结束时大陆冰川融解，海平面已经上升，结果产生地质学家所称的沉溺岸。现在海浪不断拍击的峭壁，一度远离海平面之上，海水侵入本来干涸的山谷，形成风景秀丽、状如峡湾的溺河。

尽管经过这些变化，福曼托岬依然显著地矗立在海面。岬端附近峭壁上有一座灯塔，约高二百一十米。从这里眺望陆岬、山坡和岛上村落，真是最理想的地点。天气晴朗时，也可隔着地中海遥望东面约四十公里外的米诺卡岛。

设施完备的海滩度假区，游人畅享浪漫之旅。

德拉奈洞穴
Drane Cave
—— 西班牙

马约卡岛上的洞穴内，奇形怪状的岩石映在地下湖面上，景色十分秀丽。

地址：西班牙
名称：德拉奈洞穴

马约卡岛是个旅游胜地，位于西班牙对开地中海海面。岛上除以岩岸和山色著名外，还有地下天然奇景，那就是德拉奈洞穴。

这些洞穴位于马约卡岛东岸附近，入口就在海平线之上，景色十分秀丽，部分原因是与大海相连。在过去的冰期，海面较现时低，覆盖洞穴的石灰岩溶化后，形成一列四个华丽的地下室，伸展逾四公里。冰川融解，水位再次升高时，地中海的水穿过石灰岩溶解后形成的通道，渗入洞穴内较低的地方。

因此洞穴内便有一些地下湖，形形色色的钟乳石、石笋、柱雕和其他洞穴景观，都投影在湖中，平添独特的景致。

绚丽多彩的洞石倒映在清湛的潭水中，构成一幅唯美的画卷。

美提奥拉
Methil Aura

——希 腊 ▶

在古赛萨里省的中心地带，奇特的人造住所高踞天然岩石堡垒上。

卡拉巴加这个小镇，位于赛萨里省平多斯山脚下的山谷。小镇本身风景如画，加上不同凡响的环境，因而格外吸引游人。就在小镇北方，矗立着三群引人注目的岩石结构，形如巨大的圆柱、塔楼和多层堡垒。这些巨大的岩柱，平均约高三百米，有些石塔则比谷底高出近五百五十米，统称为美提奥拉，希腊文的原意是"高悬空中"。在这些看来难以攀登的悬崖顶上，有不少古代的寺院，与岩石结构浑然一体，看上去就像天然岩石的延伸部分。

这些岩石尖柱和岩塔，是过去大片连续不断的砂岩和砾岩层剥蚀后的遗迹。侵蚀作用研磨岩石脆弱的纹理，使岩石交叉割裂，形成深深的垂直裂隙。地下水集中在裂隙中，结果侵蚀成垂直的裂缝，直达岩基，而未受割裂的岩块就原封不动地遗留下来。

寺院的总数超过二十座，大多是由十四和十五世纪时躲避政治纷争的僧侣建造的。他们几乎完全与世隔绝，外界通往这些寺院的惟一途径，就是借助可以移动的梯子和原始升降机，即靠滑轮和绳子起吊的篮子。

这些寺院一直使用到十九世纪才弃置，再没有僧侣住在那里，如今主要成为游览胜地，建有梯级和坡道以便通行。游客除观赏精致的壁画装饰外，还可以欣赏河谷四周村野的壮丽景色。

地址：希腊
名称：美提奥拉

具有奇特建筑风格的居民村落，与优美的环境相得益彰。

桑托林岛
Santorini

——希　腊

▶▶▶

No.079

地中海东部一群光秃秃、荒凉火山岛的所在地，约于三千五百年前经历过一场浩劫，古代一个文明社会因而毁灭。

地址：希腊
名称：桑托林岛

浪漫的海滩度假时光。

桑托林岛又称圣多里尼岛或西拉岛，是爱琴海一列细小群岛的主岛。这个岛约长二十公里，宽五公里，形如新月，与两个较小的姊妹岛，几乎把一个海湾围住，海湾中央另有两个光秃秃的小岛。

桑托林岛因守护神圣艾琳而得名，如今一片平静宁谧，只有从它的险峻轮廓，才能约略知道它经历过一场浩劫。一排高达三百米的峭壁，矗立于深邃的海湾上，峭壁由火山岩构成，顶上多处盖上厚厚的白色火山灰，在阳光照耀下微微闪烁，看来有如皑皑积雪。

桑托林岛与邻近的岛屿，其实是一座古代火山的残迹。火山约在三千五百年前爆发，酿成巨灾，也改变了历史。事发前，迈诺斯人是地中海东部最强大、最有文化的民族，聚居在桑托林岛以南一百一十公里的克里特岛。火山爆发后，迈诺斯人突然销声匿迹。很多学者相信他们就是给那场天灾毁灭的。

火山爆发前，在今天群岛围绕着的海湾上只有一个岛，岛上有一座约高九百米的火山，周围的低地至少有一群迈诺斯人聚居。这座火山猛烈爆发由来已久，有关的记载也每见于古典文学中，如希腊神话所载，伊阿宋王子与亚尔古英雄航经桑托林岛时，给一个双脚不停流出液体的巨人掷石攻击。

公元前一五〇〇年那次爆发，比任何神话中的巨人可怕得多。火山顶部在一连串猛烈爆炸声中炸掉，威力之大，与印度尼西亚喀拉卡托火山于一八八三年轰动一时的爆发，简直不遑多让。一团团的气体、熔岩碎片、火山灰和浮石不断升上半空，有些竟然窜到三十二公里的高空，巨块的岩

碧水之上的绿色小岛，风景优美宜人。

石从火山口飞射到远达一公里外的地方。浮石和火山灰如雨点般落在岛上，把它埋在一层厚厚的火山岩层底下。

爆发结束时，已有大约六十五立方公里的火山喷发物落在岛上与周围的海域。破碎的山顶倒塌，陷入下面的空岩浆房，接着就发生地震，海水涌入塌陷的地方。今天给小岛包围的海湾就是那破火山口，有些地方水深达三百六十五米。

火山爆发毁灭了桑托林岛上一切生物，邻近的岛屿，包括克里特岛，也被喷出的炽热火山灰覆盖，受到严重破坏。不过，为祸最大的是海啸，由火山口塌陷引起的地震造成。海啸以排山倒海之势朝克里特岛奔去，造成泛滥，迈诺斯人的家园相信就是这样毁灭的。海啸与尘云很可能波及远方的埃及，甚至可能是"出埃及记"所载的十大灾殃之一。有人甚而推测，这场天灾是古希腊传说阿特兰提斯"大洲"神秘消失的一个来源。

几百年以后，桑托林岛又有来自希腊大陆的人聚居，而火山直到今天依然没有停止爆发。后期的爆发塑造了群岛现今的轮廓，也在海湾中央添了一些小岛，合称焦岛，岛上的火山口继续喷出硫磺烟气。火山爆发和地震至今仍时有发生，一九五六年那次地震尤其严重。

近年，考古学家发现更多有关那次大爆发的珍贵资料。他们在桑托林岛南岸阿克洛提里镇附近展开发掘工作，挖开一层又一层的火山灰，掘出迈诺斯城市的遗迹。这个城市在公元前一五〇〇年火山爆发时完全掩埋，就像庞贝古城在公元一世纪维苏威火山爆发时被毁掉一样。科学家逐渐掘出这个文明社会的建筑物、街道、家具和其他人工制品。到目前为止，最特出的出土物品是若干幅壁画，已由专家竭尽心思修补妥当，是现存迈诺斯时代最精美的文物。专家就借着许多出土的日用品，构想出巨灾降临之前桑托林岛上居民生活的情形。

哈次山 ——德 国
Harz Mountains

No.080

嶙峋的峰峦、缓斜的山坡、多雾的沼泽和青葱的森林，构成一片富于传奇气息的景色。

地址：东德–西德
名称：哈次山

哈次山位于德国中部高地北端，是一个充满传奇色彩的胜地。这里的沟壑、悬崖、密林和迷雾，孕育了丰富多彩的民间传说，有美丽的神话，也有神仙妖怪的故事，其中许多传说在德国的文学巨著可以读到。德国最伟大的诗人歌德，也在其杰作"浮士德"中，把哈次山上一个关于妖魔鬼怪一年一度子夜集会的传说加以发挥。

蓝天、白云和金黄色的丛林绘出一幅绚丽多彩的风景画。

哈次山自西北向东南伸展，跨越东、西德边界，在广漠的德国北部平原赫然上升，群峰海拔九百米以上。尽管这列小山脉仅长一百公里、宽三十二公里，但在向北伸展至丹麦和海滨的低地上，群峰急剧拔地而起，煞是一番景象。

哈次山的北部和西北部，又称上哈次山，嶙峋而荒芜，陡峭的山坡下接平原。在上哈次山西部，山坡有层层阶地，其间为无数山谷割切，满布花岗岩巨砾和石英岩脊的露头。广阔的泥炭沼占据山谷和山坡地带，地面之上时有沼气摇曳闪动，仿似鬼魂出现。山坡低处满布云杉和冷杉，高处则是长满草的高沼。最高处的悬崖因常受风暴袭击而变得光秃秃的，经常为雨雾笼罩。

布罗肯峰是上哈次山最高峰，海拔一千一百四十二米，也是德国北部的最高点。歌德笔下的浮士德，就在东德这山峰的山坡上，目睹魔鬼在子夜集会，狂欢作乐。另一种今天还可见到的幻景，是由雾霭造成的"布罗肯怪影"。当太阳斜照，而云层又在峰顶以下缭绕，站在山巅的人便可以看到自己的影子，经放大多倍后投射在云层上。

在东方和南方的下哈次山，山势渐趋平缓。这一带山岳一般较为低矮，在山毛榉、橡树、胡桃木等树木之间，散布着一些小农庄。

哈次山各处山势不一，反映久远而多变的地质历史。造山运动始于二亿五千万年前，当时沉积岩层向上隆起，大量花岗岩和石英岩侵入地下深处。经过周而复始的侵蚀和地层隆起后，这里的古老山脉完全改变原来的面貌。大量表层物质逐渐给冲刷掉，本来深藏在地下的侵入花岗岩和石英岩现已暴露，成为布罗肯峰顶和很多高处的巨砾。

在一个地壳隆起时期，地壳内一个大地块上冲出两条断层之间，比周围的地面高出很多。哈次山北部的悬崖就是这个上冲断层地块的一边，又称为地垒。不过，哈次山奇特的地形和神秘的色彩，都竞相吸引游人的注意。

山谷间一片翠绿，连潭水也被它染成一色，融为一体。

白朗峰
Mont Blanc
——法 国

No.081

这座西欧最高的山峰，顶上有闪亮的冰雪覆盖，脚下有深邃的山谷环抱。

地址：法国

名称：白朗峰

阳光被远山阻挡后，山水俱笼上一层淡淡的粉红色。

白朗峰是宏伟的阿尔卑斯山脉的一部分，就在瑞士之南，沿法国、意大利两国边境延伸约五十公里。这片巨大的山块，遭受冰川多次冲刷，四周尽是深谷，还刻蚀出一列山峰，各有名字，如木迪峰、土阿郎第峰、谷特峰、米迪针峰等等。

群峰中，海拔四千米以上的共有十座。最高耸的是白朗峰，海拔四千八百零七米，俯视这个山区南端附近深邃的霞幕尼谷。白朗峰是阿尔卑斯山脉最高的山峰，也是欧洲第二高峰，仅次于高加索的艾布鲁斯峰。

整个山区主要是由粗粒花岗岩构成，有些地方则有坚硬的结晶片岩。这里跟阿尔卑斯山脉其他部分一样，在六千五百万年前，皂口庞大的造山运动开始时，已经升到现在的高度。在千百万年逐渐升高的过程中，这个花岗岩山区有些地方裂成几片楔形大地块，后来又遭侵蚀成嶙峋高耸的山峰，一般称为"针峰"，常见于白朗峰周围。

过去二百万年，冰川几度覆盖阿尔卑斯山脉，侵蚀出白朗峰及其邻近轮廓分明的美景。事实上，就白朗峰

来说，冰期还未完结，在意大利那边陡峭的山坡上，仍然有几条小冰川；而在法国那边，则依然有多条大冰川。其中最大的一条称为冰海冰川，也是阿尔卑斯山脉上第二大的冰川，其冰川鼻是这个山区最主要河流阿维河一条支流的源头。

白朗峰是世界名山之一，三百年来一直吸引游客。远在十七世纪末期外国人已开始探索白朗峰，此后慕名而来者络绎不绝，其中一位是英国浪漫派诗人雪莱。一八一七年，他游览霞幕尼谷，在阿维河桥上观山时灵感顿生，写下动人的诗篇，名叫"白朗峰"，盛赞这个胜地的美景。

白朗峰特别能吸引起爬山运动家的兴趣。一七八六年，法国的帕卡德医生及其脚伕巴马特首先登上了高峰。后来有很多人步他们的后尘，其中有丹吉维尔。她在一八三八年登上峰顶，成为第一位攀上世界驰名高峰的女人。

今天，世界各地的爬山运动家不惜长途跋涉，前来尝试攀登白朗峰及其姊妹峰。野心不大的普通游人则乘坐缆车上山，俯览震人心弦的全景。下山时，可以滑雪下去，直达霞幕尼谷。一般人还可以使用连接霞幕尼谷与意大利的隧道，驾车穿过山岳屏障。

林立的石柱整齐的排列在一起，这奇异的景观让人惊叹。

石拱桥
Stone Arch Bridge

——法 国

№.082

> 这个高大的拱桥孔，由底部的河流冲蚀而成，贯穿一堵厚厚的石灰岩壁，石拱桥横跨河上，俨若一座纪念碑。

地址：法国
名称：石拱桥

阿得什河发源于法国南部的塞凡山，河道蜿蜒长达一百一十三公里，两岸风光如画，最后与向南流的隆河汇合。阿得什河途经饱遭侵蚀的阿得什峡谷，峡谷约长三十二公里，两旁有嵯峨的石灰岩峭壁，高达三百米。峡谷内全是些扣人心弦的岩石结构，最著名的是石拱桥。这座天然桥的桥孔，贯穿峡谷上端一大堵灰色石灰岩壁。桥底离水面约三十四米，水面两端宽五十九米，是通往峡谷的天然大门口。

据说从前阿得什河循蜿蜒的河道绕过这个岩岬，现今才穿过石拱桥的桥孔。在石灰岩地带，由于岩石易被略带酸性的水溶解，常有伏流。从前有条小伏流贯穿这堵石灰岩壁，这条地下水道逐渐扩大，到后来一次洪水泛滥，阿得什河终于离开原来的河道，此后就从天然桥下面流过。石灰岩不断溶解，夹杂在水中的碎石不断磨蚀，加上河流不断冲刷岩石，加速了侵蚀作用，把拱桥扩大成现在的壮观结构。

浪漫典雅的石拱桥横垮在幽深的河流上。

沃克吕兹泉 ——法 国
Walker Leeds Fountain

▶▶▶　　　　　　　　　　No.083

这个泉遐迩驰名，远在十四世纪时已受到诗人彼脱拉克赞美，今天依然是一个扣人心弦的美景。

沃克吕兹泉在法国东南部亚威农以东约二十五公里，规模很大，四周景色怡人，远近闻名。这个泉的名称源自希腊文，意思就是"闭合的山谷"，用来形容这个山谷谷源部分的地势最为贴切。山谷是由石灰岩峭壁构成的，碧绿的泉水就从峭壁悬岩下的一个水洼涌现出来。

从水洼涌出来的泉水，是当地一条河流的源头，春季水流量最大时，景象最为壮观。从峭壁崩落下来的巨砾岩层围成水池，泉水溢过水池泻下山坡，声如雷鸣，响彻山谷。泉水的流量可跃升至每秒钟一百五十立方米，等于塞纳河流过巴黎时的平均流量，相信是目前世界上众多石灰岩洞泉中流量最大的一个。

在低水期，沃克吕兹泉细流涓涓。水洼的水位大降，泉水从巨砾岩屑间的隙缝渗出来，流量每秒钟只有四立方米。

泉水其实是一个地下大水库的溢流，这个水库汇集了四周二千平方公里范围内石灰岩高原和山丘的潜流。无数溪流没入洞穴和灰岩坑成为伏流，穿过岩层里的水道网，最后在沃克吕兹泉涌现。

石灰岩层内有一条漫长的陡斜通道，通达沃克吕兹泉的水洼，泉水受到压力向上涌出来。这是一种奇特的自然现象，后来地质学家就引用这个泉名作普通名词，凡地下水受压经过向上通道涌出成泉的，一概都叫沃克吕兹型泉。

地址：法国
名称：沃克吕兹泉

波澜不惊的水面被天空染成了蔚蓝色，显得一派宁静祥和。

港湾
Harbour Front
——法国(科西嘉岛)

▶▶▶

No.084

科西嘉岛西岸，满布赤褐色的岩石，地中海的蔚蓝海水把那里的海岸绵冲蚀得曲折非常，形同锯齿。

地址：法国(科西嘉岛)

名称：港湾

岸边白浪翻涌，远望海天交融。

地中海的科西嘉岛，约离法国本土东南一百六十公里，长久以来都以地势崎岖、景色壮丽著称，特别是海岛西部海岸，满布一连串大小海湾，海岸线形如锯齿，更加引人入胜。

港湾是其中最美丽的海湾，位于西岸中部，倚偎着陡峭峥嵘的高山。海湾大致呈三角形，湾口宽八公里，伸入内陆十一公里。湾内临海的古老结晶岩石，主要由多种花岗岩组成，约三千万年前，突然隆起，当时正是地中海西部海盆的形成期。

港湾最大的特色，也许是璀璨缤纷的色彩。海水的蔚蓝色与海滨岩石深浅不一的红色成一对比，这些红、蓝色彩又跟铺满山坡的葱郁灌木丛互相辉映。在阳光照耀下，这些色彩更是千变万化，每一小时都不尽相同，有如调色板上的一套颜料。

港湾南岸是一段差不多笔直的海岸线，名为皮亚拿湾。那里是一列陡峻的花岗岩悬崖，海拔四百米，崖顶尽是参差的尖柱尖塔。

港湾北岸却一点也不平直，这里有许多岬角，当中夹着很多较小的海湾，形状有如扇贝。植被非常茂盛，包括橡树、野生橄榄树等，灌木丛尤其茂密。这里的悬崖峭壁除有斑斓的花岗岩外，还有一些从前由附近桑吐山涌出的火山岩。很多悬崖已饱受侵蚀，形成壮观的柱状体，耸立于平静蔚蓝的海面上，其中最高的约六百米。

维尔登峡 ——法国
Vianden Gorge

▶▶▶ №.085

维尔登河虽然很短，但流域的风景目不暇接，维尔登峡更是欧洲最奇伟壮丽、交通最方便的峡谷之一。

维尔登河发源于法国东南普洛凡斯区的高山，先向南流，再折向西，汇入隆河下游的支流杜蓝斯河，约长二百公里。沿途百景荟萃，美不胜收。

维尔登河景色最优美的一段，要算是中游部分，河水在这里奔流过法国最深、最长的维尔登峡。一段长二十公里左右的河道两旁，尽是险峻的山坡。在一些地方，峡谷两壁相距仅二百米。这一条从石灰岩高原中切出的深长沟槽，最深竟达七百米。

游人要到这里十分容易。峡谷夹壁都筑有径道，更有一条现代化公路，沿着整个峡谷的一边伸展。途中有几个观景的好地方，游人可以俯览维尔登河在险峻的山坡间迂回曲折地奔流的慑人美景。惯于徒步旅行的人士，可以循一条小径走下谷底。

峡谷深深蚀入一系列厚石灰岩层中。一般相信，维尔登河主要由高山融水灌注，地块慢慢上升时，河水不断冲蚀岩层，把峡谷逐渐拓宽加深。不过，由于这一带的石灰岩层已满布地下水道、灰岩坑和洞穴，有人认为维尔登河可能一度是条伏流，而整个峡谷或其中一部分可能是因河道上一些洞顶坍塌后形成的。无论维尔登峡怎样形成，至今依然是那么雄伟壮观。

地址：法国
名称：维尔登峡

峡谷内水势汹涌，咆哮犹如万马奔腾。

贝洛格奇克悬崖 ——保加利亚
Belo Craig Cliff

▶▶▶

No.086

奇形怪状的岩石，给人丰富的灵感，因此有不少故事流传。

地址：保加利亚
名称：贝洛格奇克悬崖

保加利亚西北部贝洛格奇克小城附近，砂岩塔林立，傲视四周。罗马和土耳其入侵者曾用作天然堡垒。这个奇特的岩石尖峰地带在多瑙河附近，周围树木青葱，约长三十二公里，宽三点二公里。

旅客沿着蜿蜒的道路往贝洛格奇克，越过一个风景优美的隘口，再穿过一处树丛后，眼前就展现许多尖塔和火山柱，有些高逾一百米，既壮观又多彩。这些奇形怪状的天然结构，自然会触发起居民丰富的想象力，

↑
美丽的贝洛格奇克悬崖景观一角。

所以当地有许多传说流行。例如一位修女爱上一位英俊的武士，遭到修道院院长惩罚，变成岩石站在这里。堡垒底部有个巨大的岩石结构，约高二十米，称为"亚当与夏娃对话"。

附近岩石的名字，有"僧侣"、"骑马的武士"、"女学生"等。其他的岩石中，一块形状似狗，一块是栩栩如生的熊，一块像大杜鹃，刮风时还会发出奇怪的声音，这些都是贝洛格奇克天然动物园的一部分。

贝洛格奇克悬崖是由侵蚀造成的。这里的砂岩和砾岩约于二亿年前形成，当时这地区为海水淹浸。其后原来的岩层上覆盖了石灰岩。二千万年前，巴尔干半岛这一带地区升到海平面之上，岩层褶皱使砂岩和砾岩露出。风雨随即侵蚀，岩石部分剥落，只剩下受到抗蚀力强的巨砾保护的砂岩，结果形成一座座金字塔形的岩石，每座顶上都有一块抗蚀力较强的岩石。

波比蒂卡曼尼 ——保加利亚

Bobittie Kamani

▶▶▶ No.087

这些石柱是古代不知名文明的神殿遗迹，还是大自然神秘巧妙的杰作？

距保加利亚的黑海港口伐尔那约二十公里，有一处奇景，看似古代神殿的废墟。在约长八百米、宽一百米的地面上，散布一排排石柱，共三百根，其中一些已倾倒，但大部分仍矗立，牢牢插在砂质土壤中。这堆石柱群名叫波比蒂卡曼尼，意即"栽植的石柱"。

有几根石柱看似露出牙根的牙齿，另两根则形如一道大门框，然而石柱多半间隔均匀，高六米，几成圆柱形。难怪一八九二年一位俄国考古学家来到这里时，还以为这些石柱是一座古代神殿的遗迹。

这里附近一带还有不少相似的石柱群，有的基部胀大成圆锥形，有的顶上盖着石灰岩石块，形似大蘑菇。在另一群中有一根巨大的石柱，周长约十二米，高七米，缀有石灰岩滴水石结构，与洞穴石壁上发现的类似。

滴水石结构为波比蒂卡曼尼奇怪石柱的起源提供了一丝线索。地质学家推论，这些石柱其实是在砂层里而非洞穴开阔空间形成的钟乳石。砂质沉积物渐渐盖上一层石灰岩，后来地下水把石灰岩溶解，经罅隙和裂缝渗进砂层。矿物质在砂层再沉积，与砂子结合成一根根抗蚀力强的岩柱，因侵蚀作用而终于露出地面来。

地址：保加利亚
名称：波比蒂卡曼尼

奇异的石柱林立，被夕阳染成了一片金黄色。

杜布洛尼喷泉 ——南斯拉夫

Dubrovnik Fountain

No.088

山上的流水渗入地下水道，流到海边这个大喷泉再度涌现。

地址：南斯拉夫

名称：杜布洛尼喷泉

↓

美丽的喷泉奇景。

在南斯拉夫景色怡人的达尔马希亚海岸上，有一座古老的城堡，名叫杜布洛尼。离城不远处的一个石灰岩悬崖基部，千百年来都有一道喷泉。这里昔日是王公贵族的游乐地，沿着一小段喷泉溢流水道，筑有富丽的夏日别墅。杜布洛尼喷泉虽以景色美丽著名，但泉水从何而来，一直未为人知。

现代科学家试用染料，以揭开杜布洛尼喷泉的秘密。他们把染料放在一些注入灰岩坑的河流里，然后观察染了色的河水从何处涌出地面，由

此追寻出这一带几条伏流的源头。他们发现喷泉水源大半来自特比斯尼卡河，这条河流过杜布洛尼城东北面石灰岩质的第拿里阿尔卑斯山脉，是世界上最大的伏流之一。此外，在远离杜布洛尼城的山上，也有好几条河注入灰岩坑，然后从这个喷泉冒出来。

这个喷泉是再现泉的一个典型例子，流水渗入石灰岩质的山丘，流经地下水道网，再涌出地面。杜布洛尼喷泉有几个地下水源，所以流量甚大，一年四季都不干涸。

科托湾
—— 南斯拉夫 ▶

Gulf of Kotor

▶▶▶   № 089

亚得里亚海沿岸，陆地下沉，海面上升，产生一连串弯曲隐蔽的内陆海湾。

科托湾位于杜布洛尼港东南面的亚得里亚海岸，入口并不惹人注目，从海上眺望，只不过是一个丘陵之间的山口，躺卧在内陆山岳怀里。但是一进入科托湾，就会发现原来别有洞天，一连串的陡坡环抱着错综连接的海湾，又深又狭，堪称为亚得里亚海沿岸最优良的港口之一。

科托镇位于其中一个海湾的尽头，坐落在山麓下一条相当狭窄的低地上：山丘海拔一千七百四十九米左右，一条迂回曲折的道路蜿蜒而上。不畏艰险的游客，每逢转过一个急弯的时候，眼前就呈现崭新的海湾全景。

从山顶俯视这个隐蔽海湾网，就会了解科托湾为什么自古以来就具有重大的海运和战略价值。科托镇从前

地址：南斯拉夫
名称：科托湾

海湾的重要地理位置，为当地经济发展起着显著的推动作用。

沿岸地区经济繁荣，环境优美。

是罗马帝国一个前哨站，而科托湾则先后被土耳其、威尼斯等多个民族统治。

如今科托湾仍有重要的海军设施，沿岸的一些城镇又是轻工业中心。这里景色优美，气候温和，到处有不少建筑和艺术杰作，所以也是著名的度假胜地。海湾畔荒凉的群山，夏热冬寒，与沐浴在温和地中海气候的低地大异其趣。此外，仙人掌、棕榈、柚橘以及其他亚热带植物，也使这些中世纪城镇倍添妩媚。

科托湾内各小湾的地形别具一格，整个海湾基本上是由两个狭长而注了水的峡谷构成。这两个峡谷都是夹在一系列与海岸平行的高地之间，第一列山丘之间有个缺口，海水由此通到第一个泛滥河。第二列山丘之间也有个缺口，形成一条通往第二个泛滥谷的水道。因此整个科托湾多少有点像一个巨大的工字形，与海岸平行。

这个与众不同的阴蔽航道网究竟是怎样形成的呢?整个过程大约始于二亿年前，当时这个地区为海水淹没，海底形成厚厚的石灰岩沉积。后来地壳隆起高出海面，约四千万年前又受到应力影响，压缩成一连串与海岸平行的褶皱。背斜拱最后成为一列列平行的山脊，而向斜槽则变为其间的峡谷。

当时，除了在褶皱开始时已有河流的地方之外，整个地区都是干旱的陆地。褶皱慢慢上升时，这些先成河继续流向大海，刻蚀隆起的山脊冲出水口，蚀成深谷。

较晚近时期，整个南斯拉夫沿岸地区一直缓缓下沉入海，这里经常发生的地震就是明证。此外，上次冰期结束后，全世界的海平面上升，海水侵入水口，淹浸一度干旱的内陆峡谷，造成科托湾形如峡湾的航道。

斯开岛 ——英国(苏格兰)

Isle of Skye

▶▶▶　　　　　　　　　　　　　№.090

这个薄雾弥漫、山峦起伏的小岛，以其海岸峭壁和壮丽多变的地貌驰名。

苏格兰西岸海面内海布里地群岛中最大的斯开岛，是爬山家和地质学家向往的地方。这里有不列颠群岛上最壮观、最难征服的山峰，能引起爬山家莫大的兴趣，来此一显身手；也有火山作用和剧烈的冰川作用的遗迹，使地质学家悠然神往。

构成斯开岛绮丽多彩景色的岩石，是约在五千万年前形成的。当时整个不列颠群岛产生猛烈的火山活动，大量火成岩向上涌出，形成岛上的两条山脉。广阔的熔岩流又涌到地面上，堆叠成广袤起伏的高原，多处峭壁陡然入海。过去一百万年间，冰期冰川把山脉和高原刻蚀成现今的模样，使两者的高度差距很大，还造成了曲折的海岸线。斯开岛虽然只有八十公里长，蜿蜒的海岸线却长一千六百公里左右，岛上没有一处地

地址：英国(苏格兰)
名称：斯开岛

海岸山坡上林木色彩斑斓，映衬得碧蓝的海水愈加美丽。

方离海岸或海湾尽头超过八公里。

斯开岛上两条山脉中较高的一条是古林山，主要由辉长岩构成，这是一种暗黑的粗粒火成岩，水的侵蚀、风化和冰川作用把辉长岩切割成一条条尖削嶙峋的山脊，陡坡上又有许多冰川舀出的冰斗。其中一个深洼形成湖，湖底比海平面低三十米。古林山上有二十座山峰海拔九百米以上，最高的一座海拔一千零九米。

相邻的红山由花岗岩构成，花岗岩不如辉长岩般坚硬，所以山顶侵蚀得较光滑平缓。这条山脉因遍布粉红色花岗岩砂砾而得名，最高峰海拔约七百五十米。

岛上的玄武岩熔岩流则形成广袤起伏的高原和高沼，与平顶山和巨大的阶地相间。其中一列陡峭的悬崖绵亘达三十二公里，俯瞰下方广阔的低地。悬崖前端有一个过去山崩时幸存的孤立尖塔，叫作"斯多老人石"，是引导海员航行的著名陆标。

在其他地方，高原边有巨大的沿岸峭壁和岬角。众多岬角中，最令人难忘的是丹未干岬，从海面直上三百一十三米，再过不远就是丹未干湖，湖畔矗立着丹未于堡。这是麦克劳德家族的祖居，从公元九世纪起屹立至今，据说是苏格兰最古老的住宅。

达特木突岩 ——英国(英格兰)
Dartmoor Rock

▶▶▶   No.091

巨岩崎岖不平的露头，像残留在山岭上的城堡，益增高沼地之美。

达特木高地位于英格兰西南部迪温郡的中心，在绿茵遍野的环境中突兀屹立，荒凉僻静，奇景如画。这里是声名狼藉的达特木监狱所在地；柯南道尔的神秘悬疑小说"魔犬惊魂"也以这里为背景。

达特木是饱经侵蚀的花岗岩高地，约长三十七公里，宽十六至十九公里，平均海拔五百米。缓缓起伏的高沼地尽是泥炭沼和草地，当地的小马徜徉其间。偶有几处凹地和蜿蜒的山谷打破草地的单调。

不过最惹人注目的景物，还是山脊和矮山顶上那些草木不生的巨岩。这些巨岩像古老城垛的遗迹，或像由古代力大无穷的巨人堆成的圆锥形石堆，当地人称为突岩。

这些突岩各有不同的名称，最高的达六百二十一米。这些奇形怪状的巨岩究竟是怎样来的?说起来约是二千五百万年前的事。当时一团液态花岗岩向上推移，进入上面较古老的岩层后冷却；后来较古老的岩石逐渐磨蚀净尽，便露出圆丘形的花岗岩。

花岗岩沿着约成直角的纹理断裂后，经过化学风化、雨水侵蚀和冻融作用(尤以冰期为甚)，裂缝逐渐扩大，形成圆角的长形巨砾，称为突岩。

雨水流入越来越阔的裂缝，把砂粒和砾石冲去后，有些巨砾因地心引力而慢慢移下山坡，停在途中的山谷内。留在山顶的岩石堆和岩石群就是今天奇形怪状的突岩。

地址：英国(英格兰)
名称：达特木突岩

突兀屹立的孤岩在广阔的平野中显得荒凉僻静。

153

摩勒尔湖
——英国(苏格兰)
Moeller Lake

▶▶▶

No.092

这个狭长的湖,波光闪烁,许久以前由冰川磨蚀而成,是不列颠群岛中最深的淡水湖。

地址: 英国(苏格兰)

名称: 摩勒尔湖

碧蓝的湖水与山坡上的植被构成一幅色彩浓烈的优美画卷。

摩勒尔湖宛如一条长长的绿色丝带,从景色如昼的苏格兰西岸深入内陆,只有一条狭长的低地把湖与海隔开,南北则与崎岖的山脊相接。这个湖由西至东约长十九公里,几乎成一直线,没有一处超过三公里宽,最深处达三百一十米,是不列颠群岛中最深的淡水湖,也是欧洲最深的湖泊之一。

摩勒尔湖为什么会这样深呢?这个湖跟苏格兰西北海岸犬牙交错的峡湾状海湾一样,也是一条冰期冰川挖凿成的深沟。就摩勒尔湖来说,可

能有一条河在冰期开始时流经现今湖盆坐落的河谷。这条河流沿着一条东西走向的断层线奔流,逐渐把河谷拓宽加深,然而当时尚未达到目前的深度。

大约二百万年前,全球气候变冷,冰期来临。冬季降的雪比短暂而凉快的夏季所融的雪要多,于是开始在陆地上累积成巨大的冰冠。不列颠群岛大部分终于掩埋在至少厚达九百米的沉重冰原之下,正如今天格陵兰大部分地方完全覆盖在冰雪之下一样。

湖泊，散布苏格兰地区，奈斯湖大概是其中最有名的一个。另外还有成千上万较小的冰川湖，又名冰斗小湖，以及使海岸犬牙交错的峡湾状小湾。这种锯齿状的海岸是冰川沿河谷直通到大海而雕凿成的。

摩勒尔湖是内陆湖，而不是海湾，事出偶然。约一万年前，上次冰期快要结束时，雕凿成摩勒尔湖的冰川鼻在现存的海岸附近稳定下来。冰川前端融解的速度大约和新冰块从高地流下来的速度一样。冰雪融解时，困在其中的卵石、沙、岩屑都解放出来，在当日的谷口，即在现今摩勒尔湖的西南端，堆积成一道厚厚的天然堤坝。最后冰川完全消失，融水冲出一个通往大海的新出口：这是一条流经摩勒尔湖西北角一个峡谷的短小河流。

随着积雪大量增加，冰冠的重压迫使冰雪从中央向外滑开。冰舌顺着前存河谷的凹槽，慢慢向海移去。夹带漂砾和碎屑的冰舌刮过基岩时，就逐渐把浅河谷加深了。

不过冰期并不是连续不断的。气候不时变暖，足以使冰冠完全消融。到气候转冷时，冰川又重现。新的冰川循阻力最小的地方移动，与从前冰川所经的路线大致相同，在河谷挖凿出越来越深的凹槽，现在许多凹槽比海平面低得多。结果造成许多狭长的

马达斯瀑布 ——挪 威
Madas Falls

No.093

冰期冰川刻凿而成的挪威地貌中，有一个胜景是欧洲最高的瀑布之一。

地址：挪威

名称：马达斯瀑布

挪威是个美景纷呈的地方，有时又称为"峡湾国"，素以山明水秀驰名于世。从大西洋海岸切入内陆的峡湾峡江，就有挪威最长的索格奈峡江、最优美的盖兰吉峡江，以及许多冰川刻凿出来的大海进水道。从高处泻下的急流和瀑布，数以千计，其中许多由险峻的悬崖坠下，活像一丝缎带。

马达斯瀑布不仅是挪威最高的瀑布，也是欧洲最高的瀑布之一。游客如要游览瀑布，必须前往龙斯谷峡湾一个支湾的尽头，然后乘船穿过整个艾奇斯达斯湖，这个湖全长约二十公里，深入冰蚀谷中。

长途跋涉来到的游客，只要最后见到上下两层的马达斯瀑布，就一切辛苦都获得补偿了。湖的尽头是一道环抱山谷的高大花岗岩脊，瀑布从上面一处凹槽倾泻而下，形成一道强力

盖内陆高原的冰冠开始滑向海去，一面研磨一面伸展，沿途挖出又深又陡的山谷，后来海水侵入形成峡江。较小的支冰川流进大冰川时，磨蚀力弱得多，所以无法造成这类深谷。冰川融解后，支冰川谷底就高踞大冰川谷峭壁上。

马达斯瀑布就是从这种所谓悬谷泻下来的，然后注入下面较深的地沟中，即天的艾奇斯达斯湖和龙斯谷峡湾。世界上许多最美丽的瀑布，都是由悬谷泻下来的，其中包括美国加州约塞密提公园中几条羽状的瀑布。

马达斯瀑布的水源，主要是内陆高原上冬季大量降雪，沿一条满布湖泊的狭窄水道流到陡崖上。春季融雪时，水流加速，到六月时达到最高峰。其中一段短时期，由于流量很大，从湖面上看去，活像一条绵延不断的大瀑布。

而闪闪生辉的白练。飞瀑越过一幅垂直的岩壁后，撞在一块岩突上，水流暂时隐没，然后在较低的地方重现，成为两条泡沫四溅的流水，再汇合为第二条瀑布，直投入下面的森林中。上下两条瀑布落差共六百五十五米，使马达斯瀑布名列世界最高的瀑布之一。

马达斯瀑布正如该区大多数地貌一样，主要是过去二百万年间几次掩盖那里的大冰川造成的。大冰川从覆

宽广的瀑布壮美幽秘，景色绝美令人心旷神怡。

摩斯克奈索岛 ——挪威

Moss Kornaso Island

这个风景如昼的近岸海岛，具备挪威景致的特色，也有参差的山峰、深邃的峡湾、小小的渔村等。

地址：挪威

名称：摩斯克奈索岛

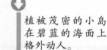

植被茂密的小岛在碧蓝的海面上格外动人。

　　在挪威北岸，罗弗敦群岛及邻近西罗伦群岛向西南伸展，活像一个半岛，只有狭窄的海峡把群岛北端与大陆隔开。各个小岛像拼图玩具的碎块，由狭窄曲折的水道分隔。这些岛屿其实是一度与大陆相连的山脉露出海面的顶部，而穿插其间的水道则原是冰川刻凿成的山谷，后来给海水淹没。

　　这列群岛的南部与大陆之间，有一个广阔的入口，称为韦斯特峡湾。从这里眺望，难忘的奇景展现眼前，一道看来绵延不断的山岳屏障，倏地从海中耸立，海拔达九百多米，活像一堵嶙峋的壁垒，名叫罗弗敦石壁。

　　这列岛屿南端的大岛摩斯克奈索岛，是景色最优美的岛屿之一，约长三十五公里，宽十公里，遍布嶙峋的山峰和岬角，交织着深邃的峡湾与平静的小湾。山岳多半陡然入海，平地极少，仅有一些沿岸阶地散布各处，上面有风景优美的渔村，依偎在阴沉、光秃秃的山坡下。

　　大多数游客认为，岛上风景最优美的地方之一，是瑞恩村一带，那是摩斯克奈索岛最大的村落，位于科克峡湾口一片岩质平地上。这个峡湾很大，几乎把岛切成两半。瑞恩村三面环水，背靠崎岖山峰，一向为画家和摄影家所喜爱。

　　爬山运动家常从瑞恩村出发，要征服摩斯克奈索岛各种各样壮观的地

貌，例如岛上最高的山峰，从海中拔起一千零三十四米。冰期时，摩斯克奈索岛盖上了一块大冰冠。所以深受滑下山坡的沉重冰川切割。冰川除在沿岸地方刻凿出深邃的峡湾外，还冲掉山坡的基岩，冲蚀成深洼，称为冰斗。结果造成陡峭尖削的山脊，吸引无数爬山运动家。

摩斯克奈索岛位于北极圈以北约一百六十公里，从五月底到七月中沐浴在夜半太阳柔和的光辉时，格外美丽。在这段时间，日轮整天都留在地平线上，从不完全下沉。相反，冬季连续有好几个星期，太阳从不露面，岛上一片漆黑。

即使那个时候，罗弗敦群岛还是扰攘不停。在一月和四月之间，大批鳕鱼从较北的地方向南回游，到群岛四周的浅滩和沙洲产卵，而挪威沿岸的渔民也蜂拥到这里来捕鳕鱼。

渔民会尽量避开有名的挪威西岸海面的大漩涡，这是一股偶尔构成危险的潮流，在摩斯克奈索岛南端的海峡汹涌流过。不过在法国科学小说家尤尔斯·韦恩和美国作家爱伦·坡等富于想像力的描写下，这股潮流已变成一种足以吞没整艘船的凶险漩涡了。

通常，就是小船也能安然横渡过这个海峡，不过，有时某种风向和潮流方向结合时，就会对航行构成严重的威胁。另一股弱得多的海流却大有裨益。摩斯克奈索岛虽然接近北极，但温暖的北大西洋海流带来非常温和的气候，使这里成为一个有名的度假胜地。

明艳的海岸色彩斑斓，富于层次的变幻。

柏拉科夫石林 ——捷克斯拉夫
Bramkov Stone Forest

一个恬静隐蔽的森林中，各种侵蚀作用创造出许多美丽生动的石雕。

地址：捷克斯拉夫
名称：柏拉科夫石林

在捷克斯拉夫北部布拉格东北约七十公里，有个风景区，称为切斯基拉兹，意即"波希米亚乐园"。区内森林茂密，以名胜古迹著称，密林深处的一群群嶙峋岩石尤其引人入胜。

最精致的岩石结构，是柏拉科夫石林，位于六千多万年前形成的砂岩小高原上。长年累月的自然侵蚀力量刻凿粗糙的砂岩，造成无数纵横交错的峡谷沟壑，盘绕奇形怪状的岩石。有些岩石看上去像颓垣败瓦，有些则像人或动物，虽然静止伫立，却有跃跃欲动之势。这些天然石雕多半有生

动的名称，如"斜塔"、"魔厨"、"僧侣"、"大象"、"飞鹰"等。

↓
汹涌澎湃的潮水扑向布满青苔的石林，景致优美。

苏斯泉
——捷克斯拉夫

Sousse Fountain

▶▶▶ №.096

在一片广阔的沼泽区上，地面不时喷出含有二氧化碳的气体。

苏斯冷泉位于捷克斯拉夫西端一个多姿多彩的自然保护区内。这个冷泉区的地貌，与欧洲其他冷泉区的大异其趣。一大片泥炭沼泽填满了这里一个远古湖盆的底部，估计沼泽内共有七百万立方米的泥炭。此外，这个冷泉区还有一些所谓沼泽间歇泉，贯穿厚厚的褐色半腐朽植物层。沼泽间歇泉就是夹带泥浆和饱含矿物质的水泉，通过无数大大小小的泉眼涌上沼泽表面。

大概在二百万年前，这里整个地区都有猛烈的火山活动，基岩到处出现裂缝，饱含二氧化碳气体从岩石的裂缝泄出，推动地下水，于是形成了今天这些奇特的冷泉。在干旱季节里，这些称为喷气孔的裂口没有水喷出，但仍喷出气体，往往因为喷发力大而发出嘶嘶声或呼啸声。

地址：捷克斯拉夫
名称：苏斯泉

优美迷人的沼泽地风光。

组格峰

——奥地利－德国

lattice Mountain

No.097

巴伐利亚阿尔卑斯山脉的最高峰，深深吸引爬山家、滑雪人士和观光客。

地址：奥地利－德国
名称：组格峰

巍峨高耸的群峰下，几处民居和谐悠然。

巴伐利亚阿尔卑斯山脉巍峨雄伟，在慕尼黑南方沿奥地利与西德的边界伸展，全长约一百一十公里。山脉北面山坡壁立，高出德国度假胜地加米施－帕滕基尔辛二千一百多米。这度假胜地在组格峰脚下，坐落在莱萨克冰蚀谷中。奥地利境内的南面山坡更陡峭，直下因河河谷中的因斯布鲁克。

巴伐利亚阿尔卑斯山脉的最高峰组格峰，恰好在奥、德边界上。角锥状的峰顶如雕如削，海拔二千九百六十三米，比北面的莱萨克谷高二千二百五十五米。

组格峰位于三条高耸山脊的会合处，到处都有多次遭受冰川研磨的痕迹。山峰侧面遍布冰斗，使峰顶显得更加陡峭。今天，在刃脊脚下，仍然可见冰川的残迹。

组格峰跟巴伐利亚阿尔卑斯山脉其他山峰一样，主要由石灰岩构成。岩石长期受流水冲刷，石灰岩溶解，形成尖削的山峰和悬崖，其间有很多嶙峋的山脊，以及深邃的沟壑。

组格峰地势险峻峭绝，所以吸引爱好爬险峰的运动家。加米施－帕滕基尔辛是一九三六年举行冬季奥林匹克运动会的地方，那里的山坡陡峭，一直是滑雪人士的基地。在夏季，爬山家蜂拥而至，开始漫长的旅程，朝

着组格峰峰顶进发。

　　游客若不愿冒险，可利用较容易的登山方法。他们可在加米施—帕滕基尔辛乘有嵌齿铁轨的火车，或两线架空吊车到达峰顶，一线由西面的埃伊布湖镇开行，另一线由奥地利的度假胜地厄耳森林出发。

　　组格峰顶设有气象台和餐厅，无论游客怎样抵达，都会感到不枉此行，因为从峰顶下望，可尽览山脉上最美丽的景色。北面延伸远处的是低地，其间有波光粼粼的安美湖、施塔恩贝格湖和许多较小的湖泊。在东、南、西三面中，阿尔卑斯山和东阿尔卑斯山的崎岖山岭连绵起伏，向遥远的地平线伸展，遇上万里无云的晴天，游客还可以认出东南远处高托恩山脉的大格洛克纳山，那是奥地利最高的山峰。

热爱滑雪的人们在雪峰上尽情的展示技艺。

达可舒坦山
Dako Sorda Mountain
——奥地利

▶▶▶ ▶

这座宏伟的石灰岩山，长久以来遭受冰川磨蚀和渗透的融水溶解，不过至今仍然屹立不倒。

地址：奥地利

名称：达可舒坦山

风景优美的谷地是令人向往的度假天堂。

萨尔斯堡市东南面，有一个风景胜地，称为盐矿区，以湖泊众多和山色秀丽驰名，是奥地利阿尔卑斯山脉最引人入胜的旅游区之一。

盐矿区南面的边界，有多条山脉，其中一条是高耸峻峭的达可舒坦山，四周是悬崖峭壁。实际上，这里是一个高原，不过表面崎岖，峰顶现在仍然为冰川所盖。这里曾经覆盖着一个更大的冰冠，因而刻蚀出起伏不平的外貌。此外，四周还有很多崇山峻岭，其中最高的是高达可舒坦峰，海拔二千九百九十五米。

达可舒坦山主要是由厚厚的石灰岩层以及白云岩层所组成的，这些岩层大约在二亿年以前便沉积下来，除了遭受过去的冰川作用侵蚀以外，还遭受两种不同的自然力量侵蚀。

这个地区的气候颇为潮湿，每年降水量约三千零五十毫米，大部分来自降雪。结果产生冰楔作用，渗入岩隙岩缝的水凝结时膨胀，这样就如同楔子一样，可把大块岩石掰开。

另一方面，达可舒坦山的石灰岩很容易溶解，所以流水在陡峭的山坡泻下时，刻蚀出很多大大小小的沟壑。在另一些地方，夏季的融水渗入岩石之间的隙缝，渐渐溶解周围的岩石，使裂口不断扩大。有时，地面上散布很多相当大的灰岩坑和完整的塌陷洞穴。这种侵蚀作用形成的众多景观之中，最吸引人的是深入山岳的庞大洞穴网。这里最大的洞穴网是达可舒坦冰穴，尤以穴室和通道里的天然冰块结构最为脍炙人口。

鲁尔洞
Rag Hole
—— 奥地利

▶▶▶　　　　　　　　No. 099

从一些实验证明，这个石灰岩洞穴内的河流，是一个复杂水系的一部分。

鲁尔洞位于奥地利东南部格拉次市以北约十六公里，是东阿尔卑斯山脉最大的洞穴。游客可经塞姆里奇镇进洞，鲁尔河在这里流入鲁尔洞，与洞穴内的地下河道汇合；也可从西面数公里外的佩格进洞，斯梅尔兹河水从这个洞内的喷泉涌出来。

游客不论从哪一端进洞，都可选择或长或短的旅程，由向导带领欣赏罕见的钟乳石和别的结构。所有廊道和穴室，都有令人惊叹的景物，其中最精彩的"大穹丘"，是欧洲最大的地下穴室之一。

喜欢寻幽探胜的人，可先从塞姆里奇镇或佩格进入洞内的黑暗世界，走至另一端重见天日。整个洞穴，全程约五公里，两端的高度相差约二百二十米。

很久以前，科学家已推测流失的鲁尔河与在洞穴另一端出现的斯梅尔兹河互有联系。一八九四年首次进行实验时，几乎酿成悲剧，当时鲁尔河山洪暴发，探险家困在地下十天后才获救。

地址：奥地利
名称：鲁尔洞

青山、绿树、红瓦，鲜明的色彩对比构成了一幅优美画卷。

水面上的廊桥独
具民族风格。

到了二十世纪，科学家尝试把
染料倒入其中一些地下河，以追踪伏
流。所得的结果相当耐人寻味，因为
从鲁尔河流进洞穴的水，大部分从鲁
尔洞南面的喷泉涌出来；而斯梅尔兹
河大部分的水流，则来自鲁尔洞以北
的地方。

不过这两条河确是相连的。鲁尔
洞正如大多数石灰岩区一样，有个纵
横交错的地下水道网。从实验证明，
大雨滂沱时地下河道泛滥，鲁尔河的
溢流就溢进斯梅尔兹河。

少女峰、僧侣峰和爱格峰——瑞士

Jungfrau, Dating, Eiger Mountain

▶▶▶   No. 100

这三座山峰，以气势雄伟、山坡险峻闻名，是游人和爬山家向往的地方。

少女峰不是阿尔卑斯山脉的最高峰(仅次于白朗峰)，却是最为人喜爱的山峰之一。在瑞士伯尔尼阿尔卑斯山脉，少女峰(海拔四千一百六十一米)及其姊妹峰，即僧侣峰(海拔四千一百零五米)和爱格峰(海拔三千九百七十三米)，是世界上一些冬季运动和爬山运动的最佳场地。

这三座山峰最吸引人的还是著名的绝景。每座山峰都像无瑕的雕刻品，特别是闪闪发亮的少女峰，更享有"最可爱的雪山"的美誉。

伯尔尼阿尔卑斯山脉是瑞士中部山脉的脊梁，主要由抗蚀力强的花岗岩和变质岩构成。这些结晶岩上的沉积岩层，部分已经翘起、扭曲成倒转褶皱，又遭冰川冲刷。现在山峰各处都满布深谷和刃脊，低处的山坡上更有陡然屹立的岩壁。

爱格峰北面峭壁气势雄伟，最为

地址：瑞士

名称:少女峰/僧侣峰和爱格峰

洁白的雪峰与天相接，气魄宏伟。

连绵的雪峰与白云为伍，令人不辨天上人间。

特出，垂直伸高约一点六公里；它的南坡较易攀登，北面则直至一九三五年才有爬山家闯过，至今还是世上最难登的山壁之一。同样，一八一一年才有人首次从东面攀登少女峰成功；至于更为陡峭的西北面，直至一八六五年才被两位英国人征服。

今天游客登上这些山峰已容易得多，因为一条有嵌齿的铁路直通少女峰与僧侣峰间的山口，海拔三千四百七十八米。这是欧洲最高的铁路之一，途经爱格峰北壁内凿出的隧道，隧道壁辟凿了缺口，乘客可借此观赏风景。

全程最佳的景色是在铁路的终点。从山顶俯瞰可饱览瑞士北部大部分地区，向南遥望意大利阿尔卑斯山脉，更可欣赏较接近的僧侣峰和少女峰古朴的尖峰。南面蜿蜒泻下的阿列斯克冰川，约长二十四公里，是阿尔卑斯山脉最长的冰川。

一只健壮的牛回眸注视似乎有所期待。

吉斯河瀑布
——瑞士
Giessbach Falls

▶▶▶ №. 101

伯尔尼阿尔卑斯山脉上一条小河泻下一列岩石阶地后，注入布里安兹湖。

瑞士中部的伯尔尼阿尔卑斯山脉上满布自然胜景，例如少女峰、阿列斯克冰川、布里安兹湖等。另一个奇景是吉斯河瀑布，规模虽小，却同样叫人赞叹。吉斯河是一条古老的高山河流，穿过峡谷逐级泻下山腰，水花四溅，在七公里的路程内，落差约四百米。

吉斯河瀑布的沉积岩层有一亿八千万年历史，阿尔卑斯山脉形成时，这些沉积岩便层层紧褶起来。褶皱里较脆弱的岩层遭受侵蚀后，形成巨大的岩石阶地，水流便从这里滚滚奔泻而下。

过了瀑布之后，吉斯河注入布里安兹湖。这个湖很深，湖面闪闪发亮，一面湖岸是农舍果园连绵，另一面湖岸是树林密布，瀑布轰鸣不绝于耳，是一个度假胜地。

地址：瑞士
名称：吉斯河瀑布

怪异的乐器告诉观众，这是一场盛大的演出。

在犹如仙境的滑雪胜地，游人发自内心的快乐感染你我。